教育部 财政部职业院校教师素质提高计划成果系列丛书

教育部 财政部职业院校教师素质提高计划职教师资培养资源开发项目

《机械设计制造及其自动化》专业职教师资培养资源开发（VTNE008）

机械制造工程导论

曹巨江 等编著

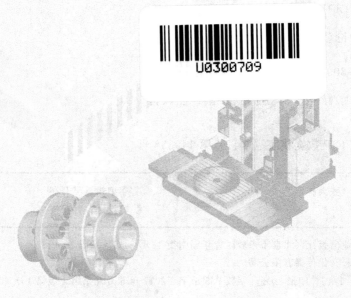

化学工业出版社

·北京·

本书是在教育部 财政部"职业院校教师素质提高计划职教师资培养资源开发项目"支持下开发的教材。

本书以职教师资本科学生的专业素质教育和职业理念教育为目的,系统地介绍了机械、机械与人类社会的关系、机械制造工程及其现状和发展趋势、机械加工方法等机械工程学科知识。主要内容包括机械概述,现代机械制造业,机械制造业的发展与前景,机械切削加工方法、工艺与设备,金属材料成型,特种加工与快速原型制造,以及机械的驱动与控制等内容。

本书可作为职教师资本科机械设计制造及其自动化专业、机械工程类相关专业学生的教材,也可供机械相关专业学生和工程技术人员参考。

图书在版编目(CIP)数据

机械制造工程导论/曹巨江等编著. —北京:化学工业出版社,2017.6
ISBN 978-7-122-30050-8

Ⅰ.①机… Ⅱ.①曹… Ⅲ.①机械制造工艺-教材
Ⅳ.①TH16

中国版本图书馆 CIP 数据核字(2017)第 149338 号

责任编辑:曾 越 张兴辉　　　　　　　文字编辑:吴开亮
责任校对:宋 玮　　　　　　　　　　装帧设计:韩 飞

出版发行:化学工业出版社(北京市东城区青年湖南街 13 号 邮政编码 100011)
印　装:北京虎彩文化传播有限公司
787mm×1092mm　1/16　印张 10½　字数 265 千字　2017 年 6 月北京第 1 版第 1 次印刷

购书咨询:010-64518888　　　　　　　售后服务:010-64518899
网　址:http://www.cip.com.cn
凡购买本书,如有缺损质量问题,本社销售中心负责调换。

定　价:39.80 元

项目专家指导委员会

主　任：刘来泉

副主任：王宪成　郭春鸣

成　员：（按姓氏笔画排列）

　　　　刁哲军　王继平　王乐夫　邓泽民　石伟平　卢双盈

　　　　汤生玲　米　靖　刘正安　刘君义　孟庆国　沈　希

　　　　李仲阳　李栋学　李梦卿　吴全全　张元利　张建荣

　　　　周泽扬　姜大源　郭杰忠　夏金星　徐　流　徐　朔

　　　　曹　晔　崔世钢　韩亚兰

项目牵头单位：陕西科技大学

项目负责人：曹巨江

出 版 说 明

《国家中长期教育改革和发展规划纲要（2010—2020年）》颁布实施以来，我国职业教育进入到加快构建现代职业教育体系、全面提高技能型人才培养质量的新阶段。加快发展现代职业教育，实现职业教育改革发展新跨越，对职业学校"双师型"教师队伍建设提出了更高的要求。为此，教育部明确提出，要以推动教师专业化为引领，以加强"双师型"教师队伍建设为重点，以创新制度和机制为动力，以完善培养培训体系为保障，以实施素质提高计划为抓手，统筹规划，突出重点，改革创新，狠抓落实，切实提升职业院校教师队伍整体素质和建设水平，加快建成一支师德高尚、素质优良、技艺精湛、结构合理、专兼结合的高素质专业化的"双师型"教师队伍，为建设具有中国特色、世界水平的现代职业教育体系提供强有力的师资保障。

目前，我国共有60余所高校正在开展职教师资培养，但由于教师培养标准的缺失和培养课程资源的匮乏，制约了"双师型"教师培养质量的提高。为完善教师培养标准和课程体系，教育部、财政部在"职业院校教师素质提高计划"框架内专门设置了职教师资培养资源开发项目，中央财政划拨1.5亿元，系统开发用于本科专业职教师资培养标准、培养方案、核心课程和特色教材等系列资源。其中，包括88个专业项目，12个资格考试制度开发等公共项目。该项目由42家开设职业技术师范专业的高等学校牵头，组织近千家科研院所、职业学校、行业企业共同研发，一大批专家学者、优秀校长、一线教师、企业工程技术人员参与其中。

经过三年的努力，培养资源开发项目取得了丰硕成果。一是开发了中等职业学校88个专业（类）职教师资本科培养资源项目，内容包括专业教师标准、专业教师培养标准、评价方案，以及一系列专业课程大纲、主干课程教材及数字化资源；二是取得了6项公共基础研究成果，内容包括职教师资培养模式、国际职教师资培养、教育理论课程、质量保障体系、教学资源中心建设和学习平台开发等；三是完成了18个专业大类职教师资资格标准及认证考试标准开发。上述成果，共计800多本正式出版物。总体来说，培养资源开发项目实现了高效益：形成了一大批资源，填补了相关标准和资源的空白；凝聚了一支研发队伍，强化了教师培养的"校—企—校"协同；引领了一批高校的教学改革，带动了"双师型"教师的专业化培养。职教师资培养资源开发项目是支撑专业化培养的一项系统化、基础性工程，是加强职教教师培养培训一体化建设的关键环节，也是对职教师资培养培训基地教师专业化培养实践、教师教育研究能力的系统检阅。

自2013年项目立项开题以来，各项目承担单位、项目负责人及全体开发人员做了大量深入细致的工作，结合职教教师培养实践，研发出很多填补空白、体现科学性和前瞻性的成果，有力推进了"双师型"教师专门化培养向更深层次发展。同时，专家指导委员会的各位专家以及项目管理办公室的各位同志，克服了许多困难，按照两部对项目开发工作的总体要求，为实施项目管理、研发、检查等投入了大量时间和心血，也为各个项目提供了专业的咨询和指导，有力地保障了项目实施和成果质量。在此，我们一并表示衷心的感谢。

编写委员会

2016年3月

在教育部 财政部"职业院校教师素质提高计划职教师资培养资源开发项目"的支持下，陕西科技大学机械设计制造及其自动化专业项目组，面向职教师资机械类本科专业，组织制定了教材开发计划，开发了一批专业骨干教材，本书就是其中之一。

本书是职教师资机械专业本科学生学习机械工程技术和机械制造知识的专业素质教育教材，也可作为普通本科机械工程专业学生的专业基础认知教材。 本教材针对职教师资机械类专业学生的特点，内容侧重于机械制造工程技术和机械行业一般概念和入门知识，旨在使学生对机械工程技术科学和机械制造业建立一个初步概念，使学生了解、认识、热爱自己的专业，了解今后的从业范围，了解机械工程科技人员所需的专业知识和技能。 并培养学生的初步专业意识，加强了学生对后续课程学习的目的性和针对性，以及引导学生适应大学的学习生活，遵循学习规律，掌握学习方法，为今后积极主动地掌握知识，培养自主学习能力打下基础。

全书共分为 7 章，首先从总体上向学生介绍了机械的基础概念、机械工程与人类社会的关系、机械专业知识体系等；再进一步介绍了现代机械制造系统的组成、现代机械制造业及其发展趋势与未来；配合认知实习，介绍了机械切削加工、金属材料成型的入门知识。 对特种加工与快速原型制造也作了简介，还专门编写了机械的驱动与控制的基本知识，目的是使学生对具体机械形成专业概念。 各章开始处均设有本章的教学目标和本章重点、本章难点，各章最后均提供了思考题。 教材内容在保证基本概念和基本理论讲授的同时，突出了知识的新颖性和实用性。

本书第 1 章由张彩丽编写；第 2 章、第 3 章由曹巨江编写；第 4 章由张斌编写；第 5 章、第 6 章由孙建功编写；第 7 章 7.1 节由张彩丽编写，第 7 章其他节由吉涛编写。 本书由曹巨江教授撰写全书主题思想并组织编写。

本书在编写过程中得到了许多专家、同仁的大力支持和帮助，在此谨向他们表示衷心感谢。

本书涉及的知识面非常广泛，编者水平有限，书中的不足之处在所难免，恳请广大读者批评指正。

编著者

第3章　机械制造业的发展与前景　57

第4章　机械切削加工方法、工艺与设备　66

第1章 机械概述

▶ 教学目标

1. 了解机械、机器及设备的概念；
2. 了解机器的组成；
3. 了解机构和结构的作用；
4. 了解机械工程学科的知识体系。

▶ 本章重点

机械工程学科的知识体系。

▶ 本章难点

机械设计、机械制造的过程。

1.1 机械与人类文明

1.1.1 机械、机器及设备的一般概念

何谓机械：一般人总有一种心里明白却讲不出的感觉。从字面看，中文的机械是由"机"和"械"组成的，"机"指局部的关键机件，"械"指的是中国古代的某一个整体的器械或器具。机械（machine）一词来源于希腊语 mechine 和拉丁语 machina，指巧妙的设计。那么机械到底是什么？

1 世纪的亚历山大·里亚·希罗认为机械有五要素：轮与轴、杠杆、滑轮、尖劈和螺纹。

17 世纪的泽伊辛格认为机械是在搬运重物时，起到特殊作用的一组木质结构的设备。

18 世纪，德国人路易·波尔给出机械的定义是："机械是一种人为的实物组合体，人们可以借助它实现省时省力的运动"。英国机械学家也认为：任何机械都是由各种不同方式连接起来的一组构件组成，使其一个构件运动，其余构件都将发生一定的运动，这些构件与最初运动之构件的相对运动关系取决于它们之间连接的性质。

19 世纪，鲁洛克斯从运动学的角度给出了机械的定义："机械就是一种具有一定强度的物体的组合体，且借助此组合体能够做出所规定的运动。"

总体来讲，机械是指人们为降低劳动强度和实现劳动目标而使用的器械或装置。从这个意义上讲,机械可以是简单的,也可以是复杂的。如日常生活中人们使用的镊子、钳子、扳手、改锥等工具(器械),我们称为简单机械,习惯上也称为工具或器械;而相对于简单机械的其他复杂机械统称为复杂机械,如汽车、飞机、机床等。人们一般所说的机械是指复杂机械而言。

从机械的定义可知,生活中的许多用品都属于机械的范畴,如冰箱、洗衣机、照相机、手表、打印机、自行车等。当然,汽车、飞机、轮船、机床、电动机、内燃机、坦克、军舰、挖掘机等也属于机械的范畴。当今世界,各行各业都在使用机械,机械与人类的生活息息相关,并且随着现代科学技术的发展,机械的使用早已超出了人类生活与劳动的圈子,其应用领域越来越广泛。

在机械工程一级学科中,机械是这样定义的:机械是人为的实物构件组合,主要是利用能量达到特定的目的。定义中包含以下内容:机械是物体的组合,假定力加到其上的各个部分也难以变形,如自行车、离合器等,如图1-1、图1-2所示,它们是由若干个零件、部件组成的一个装置,能承受一定的力。机械由相互独立的零部件组合起来,能产生一定规律的运动;能把施加的能量转换为有用的形式或有效的功,即发生能量的转换,如自行车把人施加的能量转换为车轮的旋转运动,内燃机把热能转换为机械能,如图1-3所示。还有专门加工机械的机械,我们把这种机械称为工作母机或机床。机床的类型很多,有车床、钻床、铣床、拉床、数控机床等。

图1-1 自行车

图1-2 离合器

图1-3 内燃机

我们日常所说的机器(machine),是指带有动力源的,用以变换或传递能量、物料与信息的复杂机械。它是由各种金属和非金属零件、部件组成,零件、部件间有确定地相对运动,用来转换或利用机械能工作以产生有用功的系统。

机器一般由四大部分组成:动力部分、传动部分、工作部分和控制部分。动力部分的功用是将非机械能转换为机械能并为机器提供动力;传动部分的功用将原动机提供的机械能以动力和运动的形式传递给工作部分;工作部分的功用是完成机器预定功能的部分;控制部分的作用是协调控制以上几部分的工作。由两台或两台以上机器连接在一起的机械设备称为机组。

设备(equipment)是指可供企业或人们在生产中长期使用,并在反复使用中基本保持原有实物形态和功能的生产资料和物质资料的总称。设备通常是一群中大型的机具器材的集合体，无法拿在手上操作而必须有固定的台座，使用电源之类的动力运作而非人力，如图1-4所示的反渗透水处理设备。设备一般而言都放置在专属的房间，例如机房、车间、厂房，因为运作时会产生噪声或废气，除了资讯设备输入输出都是无形的信息之外，许多设备要输入输出有形的物料，所以需要专门设计的场所才能顺畅运作。

因此，通常所说的机械是个广义的概念，可以是简单机械、复杂机械、机器和机械设备。

1.1.2 机械与人类文明

(1) 世界机械发展与人类文明

人类成为"现代人"的标志是制造工具。石器时代的各种石斧、石锤以及木质、皮质的简单、粗糙工具是机械产生的先驱。从制造简单工具演变到制造由多个零件、部件组成的现代机械，经历了漫长的过程。人类社会的文明就是伴随着工具的发展而不断发展的，人类文明与世界机械发展紧密相关。

图1-4 反渗透水处理设备

大约200多万年前，随着自然条件的变化，生活在树上的类人猿被迫到陆地上觅食。为了和各种野兽抗争，它们学会了用天然的木棍和石块保卫自己、猎取食物，并且在劳动中造就了人。大约1万年前，进入新石器时代，为了劳动和生活的方便，人们开始制造和使用磨制的石器，如石刀、石匕、石镰等工具，如图1-5所示，这一时期人类也开始制造陶器。

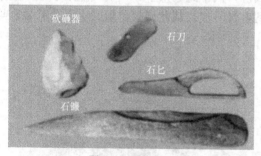

图1-5 石头工具

大约5000年前，进入青铜器时代。公元前4700年，古埃及人首先使用青铜器制作的辊子、撬棒、滑橇等机械，如图1-6所示，在建造金字塔时就使用了这些器具。青铜器的使用使人类社会出现了真正意义上的文明——巴达里文明，从而进入了青铜器时代。随着时代的不断发展，青铜器制作的器具也不断进步，如公元前3500年，古巴比伦的苏美尔地区出现了带轮子的车；公元前3000年，美索不达米亚人和埃及人开始普及青铜器；公元前2800年，中国中原地区出现原始耕地工具——青铜耒耜，作用同现代的耙子，如图1-7所示；公元前2500年，伊拉克和埃及用石蜡法铸造青铜发卡等饰物，如图1-8所示；公元前2400年，埃及出现腕尺、青铜手术刀、滑轮等机械设备。公元前1400年，当人们在冶炼青铜的基础上逐渐掌握了冶炼铁的技

图1-6 青铜撬棒

图1-7 青铜耒耜

术之后，铁器时代就到来了，出现的铁制工具有铁斧头、铁剑等，如图 1-9、图 1-10 所示。铁器的使用促进了社会经济的发展，加速了奴隶制社会的瓦解。

图 1-8　青铜发卡

图 1-9　铁斧头

图 1-10　玉柄铁剑

18 世纪 70 年代，瓦特发明了蒸汽机，从而进入蒸汽时代，这意味着工业革命的开始。在西方文艺复兴的推动下，机械工业得到迅速发展，在 1764 年左右，珍妮纺纱机出现，如图 1-11 所示，意味着纺织工业的开始；1876 年贝尔电话机出现，是现代通信业的雏形；1881 年爱迪生发明了白炽灯泡，这些引起了第一次技术和工业革命的高潮，人类从此进入了机器和蒸汽时代。

19 世纪晚期，科学技术突飞猛进，新技术、新发明、新理论层出不穷，电力广泛应用，电灯亮起来了，电话响起来了；内燃机取代蒸汽机，汽车跑起来了，飞机飞起来了。工业生产跃上了一个新的台阶，人类从蒸汽时代进入到电气时代，从此开始了第二次工业革命，早期的发电机、电动机因此产生，如图 1-12、图 1-13 所示。

图 1-11　珍妮纺纱机

图 1-12　早期的发电机

图 1-13　早期的电动机

20 世纪 50 年代末，世界上第一台电子计算机出现，意味着信息时代的到来。随着电子科技的发展，机械的自动化程度越来越高，信息技术和电子技术的发展、电子计算机的广泛使用使机械的效率、精度提升到前所未有的高度，数字化设计和制造技术得到迅速发展。典型代表有 1952 年第一台数控机床诞生，它是由美国麻省理工学院 MIT 和美国空军在加工一个产品时由于加工精度的问题而产生的；

1970 年日本展出了第一个机器人，从那以后机器人技术蓬勃发展。此后数控机床（如图 1-14 所示）、机器人（如图 1-15 所示）、高速运载工具、重型机械和大量先进机械设备加速了人类社会的繁荣与进步。20 世纪计算机技术、自动控制技术、信息技术、传感技术的有机结合，使机械进入完全现代化的阶段，人类可以遨游太空、登录月球，可以探索辽阔的大海深处，可以在地面下居住和通行，所有这一切都离不开机械，机械的发展已进入智能化的阶段。机械已成为现代社会生产和服务的六大要素（人、资金、能量、材料、机械、信息）之一，人们的生活越来越离不开机械。

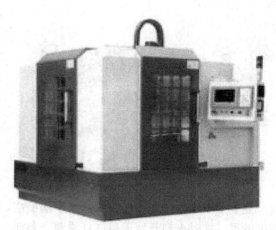

图 1-14　数控机床

图 1-15　机器人

（2）中国机械发展与人类文明

中国是世界上机械发展最早的国家之一。中国的机械技术不但历史悠久，而且成就辉煌；不仅对中国的物质文化和社会经济的发展起到了重要的促进作用，而且对世界技术文明的进步做出了重大贡献。传统机械方面，我国在很长一段时期内都领先于世界。到了近代特别是从 18 世纪初到 19 世纪 40 年代，由于经济社会等诸多原因，我国的机械行业发展停滞不前，在这 100 多年的时间里，正是西方资产阶级政治革命和产业革命时期，机械科学技术飞速发展，远远超过了中国的水平，导致中国机械的发展水平与西方的差距急剧拉大。

中国机械从原始社会到今天经历了漫长的历史变迁。民以食为天，古代人们在劳作时的需求带动了机械的发展，出现了石镰、石铲、石斧、石刀等工具，还有骨镰和骨耜，如图 1-16 所示。交通方面出现了滚木（如图 1-17 所示）、轮子、轮轴，最后在人类需求的推动下出现了车。

到夏、商、西周时，由于农业、工业的发展，文字的出现，中国机械制造业得到迅速发

图1-16　石镰、石铲、石斧、石刀

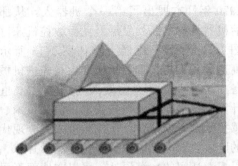

图1-17　滚木

展。随着手工业生产的发展和技术水平的提高，形成了灿烂的青铜文化，青铜冶铸技术得到高度发展。这时人们开始运用杠杆原理、斜面、滑轮等省力装置完成一定的工作。到春秋战国时期，用铁制作的工具是当时生产力发展的标志，如图1-18所示。春秋时期出现弩，控制射击的弩机已是比较灵巧的机械装置。到汉代，弩机的加工精度和表面粗糙度已达到相当高的水平，如图1-19所示。战国时期流传的《考工记》是现存最早的手工艺专著，其中记有车轮的制造工艺，对弓的弹力、箭的射速和飞行的稳定性等都做了深入的探索。

图1-18　战国时代的铁制农具

图1-19　弩机

汉代已有各类舰艇和大量的三四层舱室的楼船。有些舰船已装备了艉舵和高效率的推进工具橹。西汉时的被中香炉构造精巧，无论球体香炉如何滚动，其中心位置的半球形炉体都能保持水平状态。到了秦汉时期，秦始皇消灭六国实现了中央集权制，此时科学技术得到迅速发展，出现了记里鼓车和指南车。记里鼓车有一套减速齿轮系，通过鼓镯的音响分段报知里程。三国马钧所造的指南车除用齿轮传动外，还有自动离合装置。有不同形状和用途的齿轮和齿轮系，有大量棘轮，也有人字齿轮，特别是在天文仪器方面已有比较精密的齿轮系。张衡利用漏壶的等时性制成水运浑象，以漏水为动力通过齿轮系使浑象每天等速旋转一周。

图1-20　候风地动仪

公元132年张衡创制了世界上第一台地震仪，即候风地动仪，如图1-20所示。汉代纺织技术和纺织机械也不断发展，绫机已成为相当复杂的纺织机械。

到三国时期，马钧创制了新式提水具——翻车，能连续提水，效率高又十分省力。汉代的农具铁犁已有犁壁，能起翻土和碎土的作用；汉武帝时创制的三脚耧，一天能播种一顷地。在这一时期，大型铜铁铸件和大型机械结构陆续出现。唐代时期机械制造已有较高水平，如西安出土的唐代银盒，其内孔与外圆的不同心度很小，子母口配合严紧，刀痕细密。在运输工具方面，人力和水力并用，在技术上有进一步发展。祖冲之所造日行百里的所谓千里船是人力推进的快速舰艇，筒车从人力提水发展为水力提水。宋元明清时期天文和计时仪器发展迅速。北宋苏颂和韩公廉等制成的木构水运仪象台，如图1-21所示，是现代天文台的雏形，能用多种形式表现天体时空的运行。它由水力驱动，上下分为三层，有12m高，其下层结构有162个小木人，每个小木人都有各自不同的任务，如敲钟、打鼓、放音乐等，该机构设置非常巧妙，其中有一套擒纵机构，是当时世界上先进的天文钟。元代的滚柱轴承也属当时世界上先进的机械装置。明初的造船业也有很大进展，郑和下西洋的船队是当时世界上最大的船队，郑和所乘宝船长约137m，张12帆，舵杆长11m多，是古代最大的远洋船舶。当时的机械制造主要仍靠手工操作。大者如千钧锚，是靠人工先锻成四爪，然后依次逐节锻接。小者如制针用的冷拔钢丝，也用手工制成。

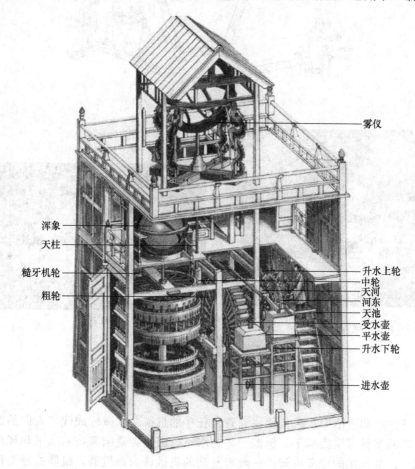

图1-21　水运仪象台

到明清时代有不少生活中使用的技艺出现，如造糖车、油榨机、纺织机械等。明代已有活塞风箱，它是宋元木风扇的进一步发展，风箱靠活塞推动和空气压力自动启闭活门，成为金属冶铸的有效的鼓风机械，如图1-22所示。

新中国成立后，中国进入了现代机械发展时期，中国机械得到了飞速发展。我国机械行业的代表成果有：顺利实现了载人航天飞行，载人航天器如图1-23所示；高铁四通八达；能够深海探测的蛟龙号，如图1-24所示。我们人类能上天能入地，与中国机械的发展关系密切。当今机械发展趋势向机械产品大型化、精密化、自动化和成套化的趋势发展，且在有些方面已经达到或超过了世界先进水平。

图 1-22　鼓风机械

图 1-23　载人航天器

图 1-24　蛟龙号

1.2　机器的组成

在人类的生产和生活中,大量使用着各种各样的机械,以减轻或代替人们的劳动,提高生产效率、产品质量和生活水平,机械产品的水平已成为衡量国家技术水平和现代化程度的重要标志之一。从机械的定义可知,一般把复杂的机械认为是机器,机器的种类很多,包括交通机械、工程机械、纺织机械、包装机械、机床、矿山机械、食品机械、化工机械、农业机械等。它们的构造、性能和用途等各不相同,但从机器的结构组成分析,它们又有共同点:都能实现确定的机械运动,又能做有用的机械功或完成能量、物料与信息转换和传递。如:半自动钻床既能实现确定的机械运动,又能做有用的机械功;内燃机可以实现能量转换;机械手可以传递物料;交通机械可以实现确定的机械运动等。

1.2.1　机器和机构

若机械只能用来传递运动和力或改变运动形式,则称为机构。即机构是各构件以运动副相连，完成一定的相对运动，用以执行机械运动或进行运动形式的变换，如：齿轮机构用来传递运动和力，凸轮机构用来转换运动和力，如图1-25、图1-26所示。

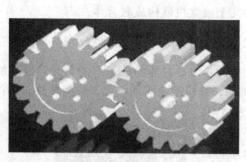

图1-25 齿轮机构

图1-26 凸轮机构

当机械既能实现确定的机械运动，又能做有用的机械功或完成能量、物料与信息转换和传递，则称为机器。因此机器的定义为：它是由各种金属和非金属部件组装成的装置，消耗能源，可以运转，用来代替人的劳动、进行能量变换以及产生有用功。随着科学技术的发展，现代科技在机器中的应用不断增加，机器的内涵也就不断发生变化，但机器完成运动变换和动力传递或转换的本质属性是不会变化的。

机器一般应满足如下特征：机器是人为的实体组合，由许多构件组成；各运动实体之间有确定的相对运动；能实现能量的转换、代替或减轻人类劳动、完成有用的机械功。

机构的特征为：机构是人为的实体组合，由构件组成；各部分实体之间有确定的相对运动；机构只能完成传递运动、力或改变运动形式。

故机器与机构的区别是：机器能完成有用的机械功或转换机械能，机构只能传递运动、力或改变运动形式；机器的种类繁多，而机构种类不多；多种机构组合完成机器的功能，故研究机构具有普遍意义。机器与机构的联系是：机器包含着机构，机构是机器的主要组成部分，一部机器包含一个或若干个机构。单缸内燃机（如图1-27所示）是机器，该机器由三种机构组成。

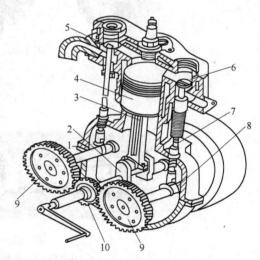

图1-27 单缸内燃机

1—机架；2—曲轴；3—连杆；4—活塞；5—排气阀；6—进气阀；7—推杆；8—凸轮；9，10—齿轮

① 曲柄滑块机构 由活塞、连杆、曲轴和机架组成，作用是将活塞的往复直线运动转换为曲柄的连续转动。如图1-28所示为曲柄滑块机构的原理图。

② 齿轮传动机构 由齿轮、齿轮和机架组成，其作用是改变转速的大小和转动的方向。

③ 凸轮机构 由凸轮、推杆和机架组成，其作用是将凸轮的连续转动转换为推杆有规律的间歇往复移动。

如果不考虑做功或实现能量转换，只从结构或运动的观点来看，机构与机器之间没有区别。即不论机器还是机构，最基本的一点是都能实现确定的机械运动。从运动观点看，二者

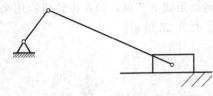

图 1-28　曲柄滑块机构

之间并无区别，所以一般也把机构和机器统称为机械。

机械一般由零件、构件、部件组成一个整体，或者由几个独立机器构成联合体。

1.2.2　零件、构件及部件

零件是组成机器的最基本的单元，也是加工制造的基本单元。组成机械的各个相对运动的机件，是机械的运动单元，称为构件。构件可以是单一的零件，如曲轴，如图 1-29 所示。因为结构、工艺等方面的原因，构件也可以是数个零件通过静连接组成的复杂组合体，如齿轮传动构件是由齿轮、轴和键组成的刚性体，这些零件之间没有相对运动，它们形成一个整体运动，如图 1-30 所示。再如内燃机中的连杆是由连杆体、连杆盖、螺栓、螺母、轴瓦和轴套等多个零件组成的一个组合体，如图 1-31 所示。构件若以可动连接方式连接起来，用来传递运动和力的构件系统就是机构。

图 1-29　曲轴

图 1-30　齿轮构件

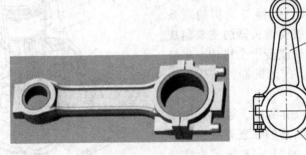

图 1-31　连杆构件
1—连杆体；2—螺栓；3—螺母；4—连杆盖

通常把协同完成某一功能而装配在一起的若干个零件的装配体，称为部件，它是装配的单元，如弹性柱销联轴器（如图 1-32 所示）、轴承（如图 1-33 所示）、减速器（如图 1-34 所示）、电机转子部件等。

"机械零件"也常用来泛指零件和部件。零件分为两大类：通用零件和专用零件。各种机器中普遍使用的零件，称为通用零件，如螺钉、铆钉、弹簧、键、轴承等，如图 1-35 所示；只

图 1-32　弹性柱销联轴器

在某些特定类型的机器中才使用的零件，称为专用零件，如发动机中的曲轴（如图1-29所示）和活塞、汽轮机的叶片、纺织机中的织梭等。

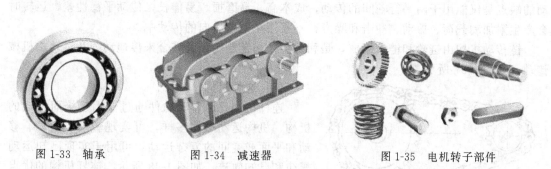

图1-33 轴承　　　　图1-34 减速器　　　　图1-35 电机转子部件

1.2.3　机构

由前述内容可知，机器是由机构组成的；机构是一个构件系统，而机器除构件系统之外，还包含电气、液压等其他装置；机构只用于传递运动和力，而机器除传递运动和力之外，还具有变换或传递能量、物料、信息的功能。因行业领域众多，机器种类繁多，各种各样，但机构的种类不多，因此研究机构具有普遍意义。

机构是由两个或两个以上构件组成，各构件间通过活动联接形成确定的相对运动。机构的作用是：将一种运动形式变换为另一种运动形式，同时用来传递运动和动力。常见的机构有带传动机构、链传动机构、连杆机构、凸轮机构、齿轮机构、螺旋机构、间歇运动机构等，这些机构一般被认为是由刚性件组成的。现代机构中除了刚性件以外，还可能有弹性件和电、磁、液、气、声、光等元件，这类机构称为广义机构。刚性件组成的机构称为狭义机构。下面主要看常用的刚性机构。

（1）带传动机构

带传动机构是利用张紧在带轮上的柔性带进行运动或动力传递的一种机械传动，是现代传动技术的前身，如图1-36所示。根据传动原理的不同，有靠带与带轮间的摩擦力传动的摩擦型带传动，也有靠带与带轮上的齿相互啮合传动的同步带传动。摩擦型带传动能过载打滑、运转噪声低，但传动比不准确；同步带传动可保证传动同步，但对载荷变动的吸收能力稍差，高速运转有噪声。带传动机构能够产生连续的旋转运动，将力从一个传动轮传导到另外一个传动轮上，有时也用来输送物料、进行零件的整理等。

根据用途不同，有一般工业用传动带、汽车用传动带、农业机械用传动带和家用电器用传动带。摩擦型传动带根据其截面形状的不同又分平带、V形带和特殊带（多楔带、圆带）等。

带传动通常由主动轮、从动轮和张紧在两轮上的环形带组成。具有结构简单、传动平稳、能缓冲吸振，可以在大的轴间距和多轴间传递动力，且造价低廉、不需润滑、维护容易等特点，在近代机械传动中应用十分广泛。

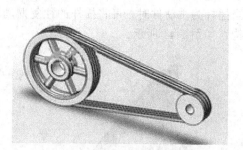

图1-36　带传动机构

（2）链传动机构

链传动机构是通过链条将具有特殊齿形的主动链轮的运动和动力传递到具有特殊齿形的从动链轮的一种传动方式。与带传动机构相比，链传动机构无弹性滑动和打滑现象，平均传动比准确，工作可靠，效率高；传递功率大，过载能力强，相同工况下的传动尺寸小，所需张紧力小，作用于轴上的压力小，能在高温、潮湿、多尘、有污染等恶劣环境中工作。链传动的缺点是仅能用于两平行轴间的传动，成本高，易磨损，易伸长，传动平稳性差，运转时会产生附加动载荷、振动、冲击和噪声，不宜用在急速反向的传动中。

链传动机构由链轮和链条组成，是利用链条与链轮轮齿的啮合来传递动力和运动的机械传动，如图 1-37 所示。

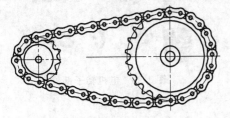

图 1-37　链传动机构

(3) 连杆机构

连杆机构是由若干构件通过低副连接而组成的机构，机构运动形式多样，可实现转动、摆动、移动和平面或空间的复杂运动，可用于实现已知运动规律和已知轨迹，如图 1-38 所示。连杆机构的优点为：运动副为面接触，压强小，承载能力大，耐冲击；运动副元素的几何形状多为平面或圆柱面，便于加工制造；在原动机运动规律不变的情况下，改变各构件的相对长度可以使从动件得到不同的运动规律；连杆曲线可以满足不同轨迹的运动要求。其缺点为：运动累积误差较大，因而影响传动精度；惯性力不好平衡，不适用于高速传动；设计方法较复杂。

连杆机构类型较多，如平面四杆机构包括铰链四杆机构和含移动副的四杆机构。铰链四杆机构是指全部由转动副组成的平面四杆机构；含移动副的四杆机构是铰链四杆机构的演化机构。铰链四杆机构又包含双曲柄机构、曲柄摇杆机构、双摇杆机构，如图 1-39 所示。

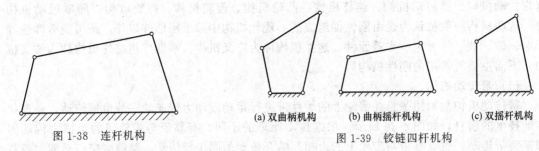

图 1-38　连杆机构

(a) 双曲柄机构　　(b) 曲柄摇杆机构　　(c) 双摇杆机构

图 1-39　铰链四杆机构

在铰链四杆机构中，若两连架杆之一为曲柄，另一个是摇杆，则机构称为曲柄摇杆机构。在曲柄摇杆机构中，当曲柄为主动件时，可将曲柄的连续回转运动转换成摇杆的往复摆动。这种机构可应用于雷达天线俯仰角的调整机构、搅拌机、颚式破碎机，如图 1-40 所示。当摇杆为主动件时，可将摇杆的往复摆动转换成曲柄的连续回转运动，可用于缝纫机踏板机构，如图 1-41 所示。

图 1-40　曲柄主动

铰链四杆机构中，若两连架杆均为曲柄时，机构称为双曲柄机构。在双曲柄机构中，如果两曲柄的长度不相等，主动曲柄等速回转一周，从动曲柄变速回转一周，如惯性筛上的机构，如图1-42所示。如果两曲柄的长度相等，且连杆与机架的长度也相等，称为平行双曲柄机构。这种机构运动的特点是两曲柄的角速度始终保持相等，在机器中的应用也很广泛，如在机车车轮联动机构中的应用，如图1-43所示。

图1-41　摇杆主动

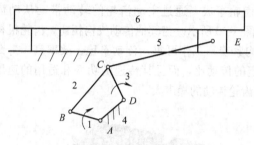

图1-42　惯性筛

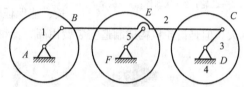

图1-43　车轮联动机构

铰链四杆机构中，若两连架杆均为摇杆时，机构称为双摇杆机构。在双摇杆机构中，两摇杆可分别作为主动件，当主动摇杆摆动时，通过连杆带动从动摇杆作摆动运动，如码头起重机中的双摇杆机构、飞机起落架上的双摇杆机构、摇头电扇上的双摇杆机构，如图1-44所示。在双摇杆机构中，当两摇杆相等时，称为等腰梯形机构，可用于汽车车轮的转向，如图1-45所示。故连杆机构应用广泛，用于各种机械和仪表中。

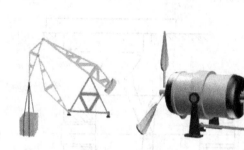

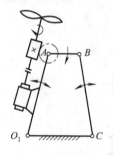

图1-44　双摇杆机构

图1-45　汽车车轮转向机构

（4）凸轮机构

凸轮是具有曲线轮廓或凹槽的构件。凸轮机构是常用机构中用的最广泛的一种机构，它是由凸轮、从动件和机架三个基本构件组成的高副机构，如图1-46所示。凸轮机构中凸轮一般为主动件，作等速回转运动或往复直线运动。凸轮机构在应用中的基本特点是能使从动件获得较复杂的运动规律，且结构简单、紧凑。凸轮机构广泛应用于各种自动机械、仪器和操纵控制装置中。但凸轮机构是高副机构，易于磨损，因此只适用于传递动力不大的场合。

按照形状分，凸轮机构有盘形凸轮机构、移动凸轮机构和圆柱凸轮机构，如图1-47所示。

盘形凸轮是一个绕固定轴转动并且具有变化半径的盘形零件，当其绕固定轴转动时，可推动从动件在垂直于凸轮转轴的平面内运动。盘形凸轮机构结构简单，应用最广，如图1-48所示，可应用于汽车发动机的进气装置中。当盘形凸轮的转轴位于无穷远处时，就演化成了

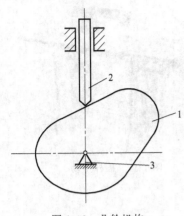

图 1-46　凸轮机构

1—凸轮；2—从动件；3—机架

移动凸轮（或楔形凸轮），凸轮呈板状，当凸轮相对于机架做直线移动时，从动件做直线运动。如果将移动凸轮卷成圆柱体即演化成圆柱凸轮，凸轮做旋转运动，从动件做直线运动，这种凸轮机构中凸轮与从动件之间的相对运动是空间运动，故属于空间凸轮机构，如图 1-49 所示为空间凸轮机构在自动机床进刀机构上的应用。

（5）齿轮机构

齿轮机构是现代机械中应用最广泛的一种传动机构，它可以用来传递任意两轴间的运动和动力。齿轮机构由主动齿轮、从动齿轮组成，通过主动齿轮的转动带动从动齿轮的转动，如图 1-50 所示。与其他传动机构相比，齿轮机构的优点是：结构紧凑、工作可靠、传动平稳、效率高、寿命长、能保证恒定的传动比，而且其传递的功率和适用的速度范围大。但是齿轮机构的制造安装费用高、低精度齿轮传动的噪声大。

(a) 盘形凸轮机构　　(b) 移动凸轮机构　　(c) 圆柱凸轮机构

图 1-47　各种类型凸轮机构

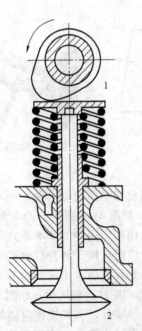

图 1-48　盘形凸轮机构的应用

1—凸轮；2—从动件

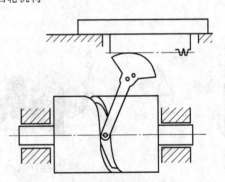

图 1-49　圆柱凸轮机构用于走刀机构

图 1-50　齿轮传动机构

按照一对齿轮传动的传动比是否恒定，齿轮机构可以分为两大类：其一是定传动比齿轮机构，齿轮是圆形的，又称为圆形齿轮机构，是目前应用最广泛的一种。圆形齿轮机构又可分为：用于平行轴间传动的齿轮机构（如图 1-51 所示）、用于相交轴间传动的齿轮机构（如图 1-52 所示）和用于交错轴间传动的齿轮机构（如图 1-53 所示）。其二是变传动比齿轮机构，齿轮一般是非圆形的，又称为非圆形齿轮机构，仅在某些特殊机械中适用，如图 1-54 所示的椭圆齿轮机构。

(a) 外啮合齿轮机构　　(b) 内啮合齿轮机构　　(c) 齿轮齿条机构　　(d) 斜齿轮机构　　(e) 人字齿轮机构

图 1-51　平行轴间传动的齿轮机构

(a) 直齿锥齿轮传动　　　　　　　　(b) 曲线齿锥齿轮传动

图 1-52　相交轴间传动的齿轮机构

(a) 螺旋齿轮传动　　　　　　　　(b) 蜗轮蜗杆机构

图 1-53　交错轴间传动的齿轮机构

(6) 螺旋机构

　　螺旋机构由螺杆、螺母和机架组成。通常它是将旋转运动转换为直线运动，同时传递运动和动力。但当导程角即螺旋升角大于当量摩擦角时，它还可以将直线运动转换为旋转运动；若小于则不能，即螺旋机构具有自锁功能。在各种机构中，它最为简单、可靠，能用较小的转矩获得很大的推力，有较高的运动精度，且传动平稳。但螺旋机构效率较低，特别是

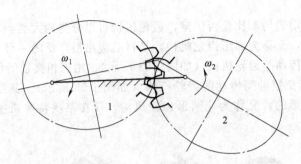

图 1-54   椭圆齿轮机构

具有自锁性的螺旋机构效率一般低于 50%。螺旋机构是一种应用较为广泛的传动机构，常用于起重机、压力机以及功率不大的进给系统和微调装置中。如图 1-55 所示为台钳定心夹紧机构中的螺旋机构。

(7) 间歇运动机构

间歇运动机构是将主动件的均匀转动转换为从动件时动时停的运动机构。常用的间歇运动机构有棘轮机构和槽轮机构。

棘轮机构如图 1-56 所示，主要由棘轮、棘爪、摇杆、制动爪和机架组成，其工作原理为：摇杆空套在棘轮轴上，当摇杆逆时针方向摆动，通过棘爪带动棘轮逆时针方向摆动；当摇杆顺时针方向摆动，棘爪从棘轮的齿面上划过，在制动爪的作用下，棘轮不动。当摇杆做往复摆动运动时，棘轮就做单方向的间歇转位运动。

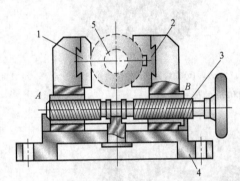

图 1-55   台钳定心夹紧机构中的螺旋机构
1—夹爪；2—V 形夹爪；3—转动螺杆；4—基座；5—工件

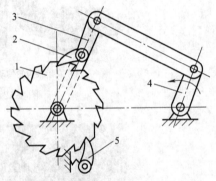

图 1-56   棘轮机构
1—棘轮；2—棘爪；3,4—摇杆；5—制动爪

棘轮机构的类型很多，有齿式棘轮机构和摩擦式棘轮机构，齿式棘轮机构又有单动式棘

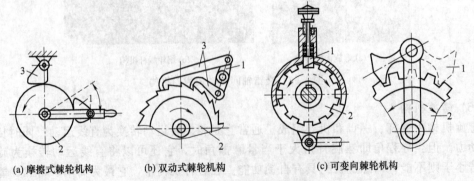

(a) 摩擦式棘轮机构   (b) 双动式棘轮机构   (c) 可变向棘轮机构

图 1-57   各种类型棘轮机构

轮机构、双动式棘轮机构和可变向棘轮机构，如图 1-57 所示。棘轮机构结构简单，广泛应用于各种自动机床的进给机构、钟表机构中，以实现进给、转位或分度，还可用作提升机、卷扬机中的防逆转制动装置。如图 1-58 所示，棘轮机构用于牛头刨床工作台的横向进给装置，具体过程为：齿轮机构通过连杆把运动传递给棘轮机构，棘轮带动与其固连的丝杠做间歇转动，从而实现工作台的间歇进给。棘轮机构还可用于手枪转盘分度机构、卷扬机制动机构、自行车飞轮机构中的内啮合棘轮机构（如图 1-59 所示）。

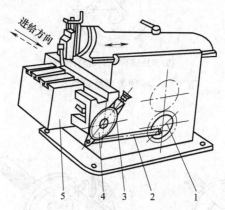

图 1-58　牛头刨床工作台进给机构

1—曲柄；2—连杆；3—棘爪；4—棘轮；5—工作台

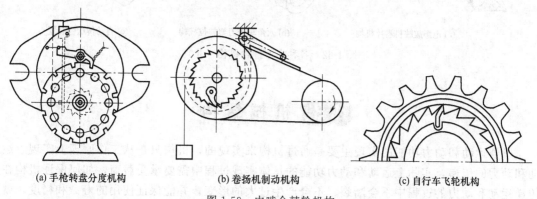

(a) 手枪转盘分度机构　　　　(b) 卷扬机制动机构　　　　(c) 自行车飞轮机构

图 1-59　内啮合棘轮机构

　　槽轮机构由带有圆销的拨盘，具有若干径向槽的槽轮和机架组成，又称马尔他机构，如图 1-60 所示。其工作原理为：带有圆销的主动拨盘连续转动，当其上的圆销未进入槽轮径向槽时，通过锁止弧锁紧，槽轮不动；当其上的圆销进入槽轮径向槽时，槽轮受圆销驱动而转动，从而实现槽轮的间歇转动。

　　槽轮机构有平面外槽轮机构、内啮合槽轮机构、多拨销不等臂长槽轮机构和空间槽轮机构，如图 1-61 所示。槽轮机构结构简单，制造容易，工作可靠，分

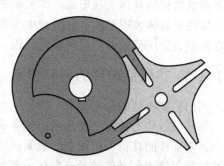

图 1-60　槽轮机构

度准确，机械效率高，可正反向运动，在进入和脱离接触时运动平稳，能准确控制转动角度，但槽轮转角不可调节，只能用于定转角间歇运动机构中，如电影放映机卷片机构、六角车床刀架转位机构和自动传送链装置等，如图 1-62 所示。

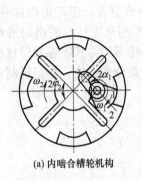

(a) 内啮合槽轮机构

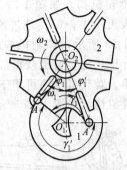

(b) 多拨销不等臂长槽轮机构

(c) 空间槽轮机构

图 1-61　各种类型槽轮机构（Ⅰ）

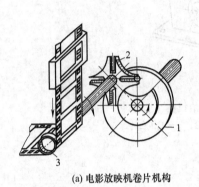

(a) 电影放映机卷片机构

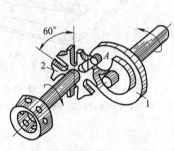

(b) 六角车床刀架转位机构

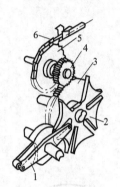

(c) 自动传送链装置

图 1-62　各种类型槽轮机构（Ⅱ）

1.3　机　械　结　构

　　机器运动和动力功能的实现主要是通过机构来实现的，机构只是从工作原理上实现了运动和动力的传递，实际上运动和动力功能的具体实现过程中需要承受载荷，如何保证机构在传递运动和动力的过程中不会断裂、不会产生过大的形变，并能保证使用的寿命和精度，就要考虑机构的具体表现形式，即机械结构形状、尺寸、材料等，故机械结构是保证运动和动力实现的具体表现形式，在机械中主要起支承或传递载荷的作用。因此，进行机械结构设计在机械设计中就起着举足轻重的作用。

1.3.1　机械结构件的结构要素

(1) 结构件的几何要素

　　机械结构的功能主要是靠机械零部件的几何形状及各个零部件之间的相对位置关系实现的。零部件的几何形状由它的表面所构成，一个零件通常有多个表面，在这些表面中有的与其他零部件表面直接接触，把这一部分表面称为功能表面。在功能表面之间的连接部分称为连接表面。

　　零件的功能表面是决定机械功能的重要因素，功能表面的设计是零部件结构设计的核心问题。描述功能表面的主要几何参数有表面的几何形状、尺寸大小、表面数量、位置、顺序等。通过对功能表面的变异设计，可以得到为实现同一技术功能的多种结构方案。

（2）结构件之间的连接

在机器或机械中，任何零件都不是孤立存在的。因此在结构设计中除了研究零件本身的功能和其他特征外，还必须研究零件之间的相互关系。

零件之间的相互关系分为直接相关和间接相关两类。凡两零件有直接装配关系的，称为直接相关。没有直接装配关系的相互关系成为间接相关。间接相关又分为位置相关和运动相关两类。位置相关是指两零件在相互位置上有要求，如减速器中两相邻的传动轴，其中心距必须保证一定的精度，两轴线必须平行，以保证齿轮的正常啮合。运动相关是指一零件的运动轨迹与另一零件有关，如车床刀架的运动轨迹必须平行于主轴的中心线，这是靠床身导轨和主轴轴线相平行来保证的。所以，主轴与导轨之间是位置相关；而刀架与主轴之间为运动相关。

多数零件都有两个或更多的直接相关零件，故每个零件大都具有两个或多个部位在结构上与其他零件有关。在进行结构设计时，两零件直接相关部位必须同时考虑，以便合理地选择材料的热处理方式、形状、尺寸、精度及表面质量等。同时还必须考虑满足间接相关条件，如进行尺寸链和精度计算等。一般来说，若某零件直接相关零件愈多，其结构就愈复杂；零件的间接相关零件愈多，其精度要求愈高。

（3）结构设计中结构件的材料及热处理

机械设计中可选择的材料众多，不同的材料具有不同的性质，不同的材料对应不同的加工工艺。结构设计中既要根据功能要求合理地选择适当的材料，又要根据材料的种类确定适当的加工工艺，并根据加工工艺的要求确定适当的结构，只有通过适当的结构设计才能使所选择的材料最充分地发挥优势。

设计者要做到正确地选择材料就必须充分地了解所选材料的力学性能、加工性能、使用成本等信息。结构设计中应根据所选材料的特性及其所对应的加工工艺而遵循不同的设计原则。

1.3.2 机械结构设计的任务

机械结构设计的任务就是在总体设计的基础上，根据所确定的原理方案，确定并绘出具体的结构图，以体现所要求的功能。它是将抽象的工作原理具体化为某类构件或零部件，具体内容为在确定结构件的材料、形状、尺寸、公差、热处理方式和表面状况的同时，还须考虑其加工工艺、强度、刚度、精度以及与其他零件相互之间关系等问题。所以，结构设计的直接产物虽是技术图纸，但结构设计工作不是简单的机械制图，图纸只是表达设计方案的语言，综合技术的具体化是结构设计的基本内容。

机械结构设计不仅要使构件满足实现工作原理的要求，还要考虑力学、装配、使用、美观、成本、安全、社会、环境等其他要求和限制。且在现代机械设计中，后者的因素越来越重要，直接关系产品的质量，决定产品的竞争力。

机械结构设计的主要特点如下：

① 它是集思考、绘图、计算（有时进行必要的实验）于一体的设计过程，是机械设计中涉及的问题最多、最具体、工作量最大的工作阶段，在整个机械设计过程中，平均约80％的时间用于结构设计，对机械设计的成败起着举足轻重的作用。

② 机械结构设计问题的多解性，即满足同一设计要求的机械结构并不是唯一的。

③ 机械结构设计阶段是一个很活跃的设计环节，常常需反复交叉进行。如结构设计时可能发现原来制定的方案有局部甚至根本不合理的地方，需要修改。在加工、装配、使用、维修的过程中，改进产品结构、修改设计，也是常有的事情。

为此，在进行机械结构设计时，必须了解对机械结构的基本要求。

1.3.3 机械结构设计的基本准则

机械设计的最终结果是以一定的结构形式表现出来，按所设计的结构进行加工、装配，制造成最终的产品。所以，机械结构设计应满足作为产品的多方面要求，基本要求有功能、可靠性、工艺性、经济性和外观造型等方面的要求。此外，还应改善零件的受力，提高强度、刚度、精度和寿命。因此，机械结构设计是一项综合性的技术工作。由于结构设计的错误或不合理，可能造成零部件的失效，使机器达不到设计精度的要求，给装配和维修带来极大的不方便。故机械结构设计过程中应考虑如下的结构设计准则。

(1) 实现预期功能的设计准则

产品设计的主要目的是为了实现预定功能，因此实现预期功能的设计准则是结构设计首先考虑的问题。要满足功能要求，必须做到以下几点。

① 明确功能 结构设计是要根据其在机器中的功能和与其他零部件相互的连接关系，确定参数尺寸和结构形状。零部件主要的功能有承受载荷、传递运动和动力，以及保证或保持有关零件或部件之间的相对位置或运动轨迹等。故结构设计应能满足从机器整体考虑对结构件的功能要求。

② 功能的合理分配 产品设计时，直接找到实现功能的结构方案较困难，因此通常将功能进行合理分配，即将一个总功能分解为多个分功能。确定实现每个分功能的结构，各分功能结构之间合理、协调配置，最终实现总功能。结构设计时可考虑采用多结构零件承担同一功能以减轻零件负担，延长使用寿命。如V形带截面结构（如图1-63所示）就是任务合理分配的一个例子，纤维绳用来承受拉力；橡胶填充层和承受带弯曲时的拉伸和压缩；包布层与带轮轮槽作用，产生传动所需的摩擦力。例如，若只靠螺栓预紧产生的摩擦力来承受横向载荷时，会使螺栓的尺寸过大，这时可增加抗剪元件，如销、套筒和键等，以分担横向载荷从而解决这一问题。

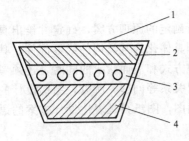

图1-63 V形带截面结构
1—包布层；2,4—橡胶填充层；
3—纤维绳

③ 功能集中 为了简化机械产品的结构，降低加工成本，便于安装，在某些情况下，可由一个零件或部件承担多个功能。功能集中会使零件的形状更加复杂，但要有度，否则反而影响加工工艺、增加加工成本，设计时应根据具体情况而定。

(2) 满足强度要求的设计准则

① 等强度准则 零件截面尺寸的变化应与其内应力变化相适应，使各截面的强度相等。按等强度原理设计的结构，材料可以得到充分的利用，从而减轻了重量、降低成本。如悬臂支架、阶梯轴的设计等。

② 合理力流结构 为直观地表示力在机械构件中如何传递，将力看作犹如水在构件中流动，这些力线汇成力流。力流在结构设计中起着重要的作用。力流在构件中不会中断，任何一条力线都不会突然消失，从一处传入，从另一处传出。力流的另一个特性是倾向于沿最短的路线传递，从而在最短路线附近力流密集，形成高应力区，其他部位力流稀疏，甚至没有力流通过，从应力角度上讲，材料未能充分利用。因此，为了提高构件刚度，应尽可能按力流最短路线来设计零件形状，提高整个构件刚度，使材料得到充分利用。如悬臂布置的小锥齿轮，锥齿轮应尽量靠近轴承以减小悬臂长度，提高轴的弯曲强度。

③ 减小应力集中结构 当力流方向急剧转折时，力流在转折处会过于密集，从而引起

应力集中，故应在结构上采取措施，使力流转向平缓。应力集中是影响零件疲劳强度的重要因素。结构设计时，应尽量避免或减小应力集中。如增大过度圆角、采用卸载结构等。

④ 使载荷平衡结构 在机器工作时，常产生一些无用的力，如惯性力、斜齿轮轴向力等，这些力不但增加了轴和轴衬等零件的负荷，降低其精度和寿命，同时也降低了机器的传动效率。所谓载荷平衡就是指采取结构措施部分或全部平衡无用力，以减轻或消除其不良影响，如采用平衡元件、对称布置等。例如，同一轴上的两个斜齿圆柱齿轮所产生的轴向力，可通过合理选择轮齿的旋向及螺旋角的大小使轴向力相互抵消，使轴承负载减小。

(3) 满足结构刚度的设计准则

为保证零件在使用期限内正常地实现其功能，必须使其具有足够的刚度，即形变在一定的范围内，不允许太大。

(4) 考虑加工工艺的设计准则

机械零部件结构设计的主要目的是：保证功能的实现，使产品达到要求的性能。但是，结构设计的结果对产品零部件的生产成本及质量有着不可低估的影响。因此，在结构设计中应力求使产品有良好的加工工艺性。

良好的加工工艺性是指零部件的结构易于加工制造。任何一种加工方法都有其适用性，设计者应掌握加工方法的特点以便在结构设计时尽可能扬长避短。实际中，零部件结构工艺性受诸多因素的制约，如生产批量的大小、生产设备、造型、精度、热处理、成本等。因此，结构设计中应充分考虑各种因素对工艺性的影响。

(5) 考虑装配的设计准则

装配是产品制造过程中的重要工序，零部件的结构对装配的质量、成本有直接的影响。有关装配的结构设计准则如下。

① 合理划分装配单元 整机应能分解成若干可单独装配的单元（部件或组件），以实现平行且专业化的装配作业，缩短装配周期，并且便于逐级技术检验和维修。

② 使零部件得到正确安装 通过结构设计，保证零件定位准确。

③ 使零部件便于装配和拆卸 结构设计中，应保证有足够的装配空间，如扳手、工具操作空间；避免过长配合以免增加装配难度，使配合面擦伤，如增加些阶梯轴的设计；为便于拆卸零件，应给出安放拆卸工具的位置，如轴承的拆卸。

(6) 考虑造型设计的准则

产品的设计不仅要满足功能要求，而且还应考虑产品造型的美学价值，使之对人产生吸引力。从心理学角度看，人 60% 的决定取决于第一印象，因此为产品设计一个能吸引顾客的外观是一个重要的设计要求；同时造型美观的产品可使操作者减少因精力疲惫而产生的误操作。外观设计一般包括三个方面的内容：造型、颜色和表面处理。

1.3.4 机械结构设计的过程

不同类型的机械结构设计中具体情况差别很大，不可能以某种确定的步骤按部就班地进行，通常是确定完成既定功能零部件的形状、尺寸和布局就可。结构设计过程是综合分析、绘图、计算三者相结合的过程，一般进行机械结构设计工作的步骤大致如下：

① 理清主次、统筹兼顾 明确待设计结构件的主要任务和限制，将实现其目的的功能分解成几个分功能。然后从实现机器主要功能（指机器中对实现能量或物料转换起关键作用的功能）的零部件入手，通常先从实现功能的结构表面开始，考虑与其他相关零件的相互位置、连接关系，逐渐同其他表面一起连接成一个零件，再将这个零件与其他零件连接成部件，最终组合成实现主要功能的机器。而后，再确定次要的、补充或支持主要部件的部件，

如密封、润滑及维护保养等。

② 绘制草图 在分析确定结构的同时，粗略估算结构件的主要尺寸并按一定的比例，通过绘制草图，初定零部件的结构。草图中应表示出零部件的基本形状、主要尺寸、运动构件的极限位置、空间限制、安装尺寸等。同时结构设计中要充分注意标准件、常用件和通用件的应用，以减少设计与制造的工作量。

③ 对初定的结构进行综合分析，确定最后的结构方案 综合分析草图结构，找出实现功能目的各种可供选择的方案，评价、比较后最终确定结构设计。具体可通过改变工作面的大小、方位、数量及构件材料、表面特性、连接方式，系统地产生新方案。

④ 结构设计的计算与改进 对承载零部件的结构进行载荷分析，必要时计算其承载强度、刚度、耐磨性等内容。通过完善结构使结构更加合理地承受载荷、提高承载能力及工作精度。同时考虑零部件装拆、材料、加工工艺的要求，对结构进行改进。

⑤ 结构设计的完善 按技术、经济和社会指标不断完善，寻找所选方案中的缺陷和薄弱环节，对照各种要求和限制，反复改进。考虑零部件的通用化、标准化，减少零部件的品种，降低生产成本。在结构草图中标注出标准件和外购件。考虑使用者操作、观察、调整是否方便省力、发生故障时是否易于排查、噪音等，对结构进行完善。

⑥ 形状的平衡与美观 考虑直观上看物体是否匀称、美观。外观不均匀时造成材料或机构的浪费。出现惯性力时会失去平衡，很小的外部干扰力作用就可能失稳，抗应力集中和疲劳的性能也弱。

总之，机械结构设计的过程是从内到外、从重要到次要、从局部到总体、从粗略到精细，权衡利弊，反复检查，统筹兼顾，逐步改进。

1.4 机械的设计和制造过程

1.4.1 机械设计过程

人类通过劳动改造世界、创造文明、创造物质财富和精神财富，其中最基础、最主要的劳动就是造物活动。设计便是造物活动前进行的预先计划，把任何造物活动的计划技术和计划过程理解为设计。具体讲，机械设计就是根据使用要求对机械的工作原理、结构、运动方式、力和能量的传递方式、各个零件的材料和形状尺寸、润滑方法等进行构思、分析和计算并将其转化为具体的描述以作为制造依据的工作过程。

机械设计是机械工程的重要组成部分，是机械生产的第一步，是决定机械性能、质量和成本的最主要因素。机械设计的最终目标是：在各种限定的条件（如材料、加工能力、理论知识和计算手段等）下设计出最好的机械，即做出优化设计。优化设计就是要综合地考虑许多要求，一般有最好工作性能、最低制造成本、最小尺寸和重量、使用中最可靠、最低消耗和最少环境污染等。这些要求常常是互相矛盾的，而且它们之间的相对重要性因机械种类和用途的不同而异。设计者的任务就是按具体情况权衡轻重，统筹兼顾，使设计的机械有最优的综合技术经济效果。过去，设计的优化主要依靠设计者的知识、经验和远见决定。随着机械工程基础理论、价值工程、系统分析等新学科的发展，制造和使用的技术经济数据资料的积累以及计算机的推广应用，使优化设计中主观判断的比例减少，而依靠科学计算的比例增加。

不同行业机械的设计，须依附于各有关的行业技术而难于形成独立的学科。因此出现了农业机械设计、矿山机械设计、泵设计、压缩机设计、汽轮机设计、内燃机设计、机床设计等专业性的机械设计分支学科。不同行业机械的设计，其具体设计环节有所不同，但作为一个机械系统，设计的类型是不变的，设计的流程是基本相同的。

总的来讲，机械设计类型可分为开发性设计、适应性设计和参数化设计三种。

① 开发性设计 这种设计的创新性很强。机械所实现的功能，机械的工作原理，机械的主体结构，这三者中至少有一项是首创的。开发性设计是指应用成熟的科学技术或经过实验证明是可行的新技术，设计过去没有过的新型机械，它的设计过程最复杂。

② 适应性设计 根据对现有机械的使用经验和技术发展需要，对其进行局部的修改或增补的设计，以提高其性能、降低其制造成本或减少其费用。

③ 参数化设计 为适应新的需要对已有的机械做部分的修改或增删，不改变原机械的基本结构，只改变功能的范围、机械的尺寸和参数的设计。

适应性设计和参数化设计是常见的设计类型，比较简单，故一开始就根据设计任务进行技术设计，经审查、修改和批准后做工作图设计。

设计的水平高低决定了机器的质量。制造过程对机器质量所起的作用，在于实现设计时所规定的要求。因此，机器的设计阶段是决定机器好坏的关键。机械产品设计的过程是一个复杂的过程，不同类型的产品、不同类型的设计，其产品的具体设计过程不尽相同。作为一部完整的机器，是一个复杂的系统。要提高其设计质量，必须有一个科学的设计程序。虽然不可能列出一个在任何情况下都有效的唯一程序，但是根据人们设计机器的长期经验，产品的开发性设计过程大致包括规划设计、方案设计、技术设计、施工设计及改造设计等五个阶段，如图1-64所示。

(1) 规划设计阶段

规划设计阶段是设计的前期工作，应对所设计的机器需求情况做充分的调查研究和分析。通过分析，进一步明确机器应具有的功能，并为以后的决策提出由环境、经济、加工以及时限等各方面所确定的约束条件。在此基础上，明确地写出设计任务的全面要求及细节，最后形成设计任务书。设计任务书大体上应包括：机器的功能、经济性及环保性的估计，制造要求方面的大致估计，基本使用要求以及完成设计任务的预计期限等。此时，对这些要求及条件一般只能给出一个合理的范围，而不是准确的数字。例如可以用必须达到的要求、最低要求、希望达到的要求等方式予以确定。具体包括以下内容：

① 根据市场需求或受用户委托、或由主管部门下达，提出设计任务。

② 进行可行性研究，重大问题应召开有关方面专家参加的论证会。

③ 编制设计任务书。任务书应尽可能详细具体，应包括主要的技术指标，它是以后设计、评审、验收的依据。

④ 提出可行性论证报告。

⑤ 签订技术经济合同。

(2) 方案设计阶段

方案设计阶段，设计的主要内容是确定工作原理、基本结构型式、运动设计、设计主要零部件、绘制初步总体图及初步设计审查。这一阶段要正确地处理好借鉴与创新的关系。同类机器成功的先例应当借鉴，原先薄弱的环节及不符合现有要求的部分应当加以改进或者根本改变。既要积极创新，反对保守和照搬原有设计，也要反对一味求新而把合理的原有经验弃之不用的错误倾向。具体包括以下内容：

① 根据设计任务书，通过调查研究和必要的分析（还可能需要进行原理性的试验），提出机械的工作原理。

② 进行必要的运动学设计，提出几种机械系统运动方案。

③ 经过分析、对比和评价，作出决策，确定出最佳方案。

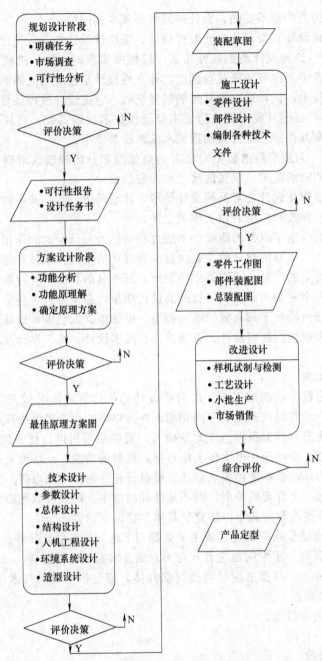

图 1-64　产品的开发性设计过程

④ 提出方案的原理图和机构运动简图，图中应有必要的最基本的参数。

(3) 技术设计阶段

技术设计阶段主要是根据审查意见修改设计，设计全部零件、部件，绘制总体图，并进行技术设计审查。具体包括以下内容：

① 运动学分析与设计。

② 工作能力分析与设计。

③ 动力学分析与设计。

④ 结构设计。

⑤ 装配图和零件图的绘制。

⑥ 完成机械产品的全套技术资料。

全套技术资料主要包括以下内容：

① 标注齐全的全套完整的图纸，包括外购件明细表。

② 设计计算说明书。

③ 使用维护说明书。

（4）施工阶段

经过上述步骤完成的设计图纸可以通过试制和试验，发现问题，加以改进，然后投入正式生产。对于成批或大量生产的机械，在正式生产前要先试制样机，进行功能试验和鉴定，通过后，再按批量生产工艺进行批量试生产。在批量试生产中若出现问题还需要对设计作相应的修改，方可成为正式生产使用的定型设计。施工阶段包括以下内容：

① 提出试制和试验报告。

② 提出改进措施，修改部分图纸和设计计算说明书。

（5）改进设计阶段

改进设计阶段包括的内容如下：

① 收集用户反馈意见，研究使用中发现的问题，进行改进。

② 收集市场变化的情况。

③ 对原机型提出改进措施，修改部分图纸和相关的说明书。

④ 根据用户反馈意见和市场变化情况，提出设计新型号的建议。

不同类型的设计，其过程也不尽相同，并没有一个通用的、一成不变的程序。对开发性设计，其过程最复杂和完整。适应性设计和参数化设计的过程则视具体情况的要求而定，不一定要经过这样一个完整的过程。

在设计的每个步骤中，都可能发现前面步骤中某些决定不合理，这就需要折回到前面那个步骤，修改不合理的决定，然后重做随后的设计工作。

1.4.2 机械制造过程

上述在介绍机械设计的一般流程中，其中一部分内容是施工设计，即机械制造过程。从狭义的角度理解，机械制造的过程就是机械生产的过程，即产品由图纸到实物的全过程。下面讲解要进行产品的加工制造，即产品的生产，应该遵循什么样的流程。

具体的生产流程如图 1-65 所示。这个流程是一个生产过程，是直接改变原材料或毛坯的尺寸、形状和性能使之变为成品的过程。

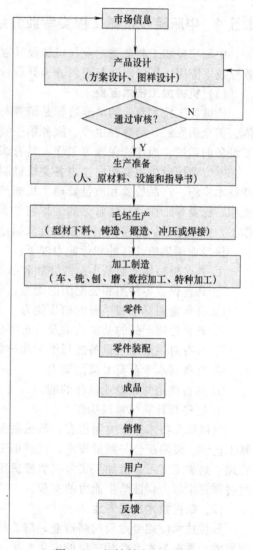

图 1-65 机械制造生产流程

通过市场调研等对产品进行详细设计，获得详细的零件图、装配图及相关注意事项，经审核无误后就可进行生产准备工作，准备产品生产需要的人、原材料、设施和相应的指导书，然后根据产品特点及其生产类型进行相应的毛坯生产，确定毛坯结构和产品具体形状和尺寸，制定机械加工工艺过程，包括安装、工序、工位、工步、走刀，确定合适的加工方法、加工机床、切削用量、合适的夹具等，之后对加工好的零件按照装配工艺进行半成品或成品的装配，装配的内容包括清洗、连接、校正、调整、平衡、验收和实验等，经过装配到组装再到总装，装配成成品之后就可进行销售，销售的产品经用户使用，并根据使用过程中出现的问题和反馈的信息，对产品进行改进设计。

1.5　机械工程学科的知识体系

知识体系就是把一些零碎的、分散的、相对独立的知识概念或观点加以整合，使之形成具有一定联系的知识系统。机械工程学科的知识体系如图 1-66 所示。

1.5.1　中职院校机械工程类专业介绍

中职院校加工制造类专业与机械设计制造及其自动化专业相关的专业有机械加工技术、数控技术应用、机械制造与控制、模具设计与制造和机电设备安装与维修等。

(1) 机械加工技术专业

机械加工技术专业的培养目标是培养与我国社会主义现代化建设要求相适应，德、智、体、美全面发展，培养在生产、服务第一线从事普通机械制造加工、加工质量检测、机械加工设备的调试、操作、保养等工作，具有综合职业能力的高素质劳动者和技能型专门人才。

本专业毕业生主要面向国内各类机械制造企业，从事普通机械制造加工的工艺编制和生产技术实施、产品检验和质量管理、机械产品售前及售后技术服务和机械加工设备的调试、操作、保养等工作。具体常见的工作岗位有：车工、铣工、刨工、磨工、镗工等普通机床操作工，数控车工、数控铣工等数控机床操作工，以及安装调试工等。

该专业学生应具备的职业能力如下：

① 具有机械加工的基本技能并能较熟练地操作 1～2 种机械加工设备。

② 具备识读零件图和装配图的能力。

③ 具备查阅标准和手册的初步能力。

④ 具有检测产品的基本技能及分析零件加工质量的初步能力。

⑤ 具有对一般加工设备进行维护和排除常见故障的初步能力。

⑥ 具备基本专业英文阅读能力。

⑦ 具备使用常用专业软件的能力。

⑧ 能进行计算机常规操作。

机械加工技术专业类课程有：机械制图、工程力学、电工电子技术、机械设计基础、金属工艺学、极限配合与测量技术、机械加工技术、数控加工技术、设备控制技术、工业企业管理、热加工实习、机加工实习、数控机床加工实习、课程综合实践及毕业设计综合实践。通过课程学习，保证学生能力的实现。

(2) 数控技术应用专业

数控技术应用专业面向制造业，培养热爱祖国，拥护党的基本路线，德、智、体、美全面发展，具有与本专业相适应的文化水平、良好的职业道德和创新精神，培养能够从事数控加工程序编制与数控设备维护、数控设备的销售与技术服务、数控设备的安装调试及维护等

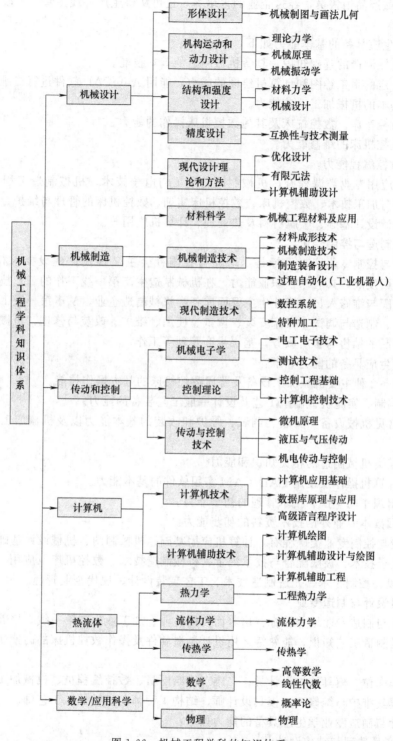

图 1-66　机械工程学科的知识体系

工作，能熟练运用数控加工软件及熟练操作数控机床的高素质、高技能应用型人才。

　　本专业毕业生主要从事制造类企业生产一线数控加工工艺员、数控编程员、数控机床维修员、数控机床操作员、数控车间施工员、设备管理员、质量检验员等工作；也可从事计算机绘图员、机械产品销售员，经过企业的再培养，还可从事生产一线主管、工段长、车间主任等工作。

该专业学生应具备的基本能力如下：

① 掌握机械制造的基础知识，具备机械制造的基本技能。

② 具有一定的手工绘图和计算机绘图的能力，能用 AutoCAD 软件进行二维设计。

③ 具备基本的机械加工工艺能力。

④ 具备数控车床、数控铣床及其他数控机床操作的能力。

⑤ 具备数控机床的维修能力。

⑥ 具备数控编程能力。

数控技术应用专业类课程有：机械制图、电工与电子技术、机械制造工程、可编程控制、数控编程与加工技术、数控机床、数控机床实训、数控机床的管理与维护、CAD/CAM 技术基础、机械设计基础、金属材料及热处理、计算机应用等。

(3) 机械制造与控制专业

机械制造与控制专业培养目标是：培养与我国社会主义现代化建设要求相适应，德、智、体、美全面发展，具有综合职业能力，在机械制造生产第一线工作的工艺技术人员和机械加工设备装配与维修人员。毕业生主要面向各类机械制造企业，从事第一线工艺设计与实施，工装设计、制造与调试，机床安装、调试、使用、维护、改装与修理，机械加工质量分析与控制，产品的销售与售后服务，基层生产管理等工作。

本专业学生应具备的能力如下：

① 掌握 1～2 种主要机械加工设备及普通数控机床的基本操作技能。

② 具有编制、实施机械制造工艺及设计一般工艺装备的能力。

③ 具有常见机械设备的安装、调试、维护和改装的基本能力以及机械加工质量分析的初步能力。

④ 具有某类机械制造的相关知识和能力。

⑤ 具有计算机操作及使用 CAD/CAM 实用软件的基本能力。

⑥ 具有组织车间生产和技术管理的初步能力。

⑦ 具有阅读本专业外语技术资料的初步能力。

机械制造与控制专业类课程有：计算机应用基础、机械制图、机械设计基础、金属工艺学、电工与电子技术、极限配合与技术测量、机械制造技术、数控机床及应用、机械 CAD/CAM、机械设备控制技术、先进制造技术、工艺工装设计、现代企业管理。

(4) 模具设计与制造专业

模具设计与制造专业培养目标：培养面向制造业、加工业生产第一线，培养具备模具设计能力及模具制造工艺知识，能熟练运用设计制造软件及操作数控机床的高素质、高技能的应用型人才。

主要工作岗位：模具结构设计员，二维三维绘图员、数控编程员、机械加工工艺员、模具制造工、模具维护与维修工，模具设计师、结构工程师、机械加工工艺师。

模具设计与制造专业学生应具备的能力如下：

① 模具产品造型与结构设计。

② 机械加工工艺编制与实施。

③ 数控编程能力。

④ 数控机床操作能力。

⑤ 产品成型工艺设计能力。

⑥ 模具产品的基本装配能力。

⑦ 模具维护、维修及使用能力。

模具设计与制造专业类课程有：典型模具产品部件生产工艺与加工、模具数字化设计、装备识图与绘图、装备结构设计、电工与机床控制、冲压模具设计与制作、注塑模具设计与制作、数控编程与加工、三维成型与快速制造、模具优化设计、模具的装配与调试、液压传动与成型设备。

(5) 机电设备安装与维修专业

机电设备安装与维修专业培养与我国社会主义现代化建设相适应，德、智、体、美等方面全面发展，具有全面素质和综合职业能力，掌握机电技术领域的基本理论知识和技能，在机电产品、机电设备和系统设计、调试、检验、技术支持、经营管理等第一线从事技术工作的实用性人才。本专业毕业生主要面向企业，一般在生产第一线从事机电设备安装、调试、保养、维修、管理工作，操作机电设备，也可从事与机电设备安装与维修专业相关的技术工作，设计一般的工艺装备或进行零件测绘。

机电设备安装与维修专业学生应具备的技能如下：

① 具备机修钳工、维修电工必须的基本操作技能。

② 具备一般机电设备的操作技能。

③ 具有对设备设计、安装图纸进行工艺性审查的初步能力。

④ 具有实施与编制常用机电设备维修或安装工艺文件的初步能力。

⑤ 具备常用机电设备安装、调试、验收、维修、保养的能力。

⑥ 具备正确的语言文字表达及读图、制图能力。

⑦ 具备正确使用手册、标准和与本专业有关技术资料的能力。

⑧ 具有借助工具书查阅设备说明书及本专业一般外文资料的初步能力。

机电设备安装与维修专业类课程有：机械制图、机械基础、电工电子技术、金属工艺学、机械加工技术、设备管理、设备电气控制与维修、极限配合与技术测量、液压与气动、机械加工、机械设备修理工艺设备电气控制与维修。

1.5.2 机械设计制造及自动化职教师资本科专业的知识体系

机械设计制造及其自动化职教师资本科专业培养德、智、体、美等方面全面发展的，具备机械设计制造基础知识与应用能力，掌握职业教育理论与教学基本技能，既能从事中、高等职业技术教育教学、管理工作，又能在生产第一线从事机械制造领域内的设计制造、科技开发、应用研究、运行管理和经营销售等工作的高级应用型技术人才。

机械设计制造及其自动化职教师资本科毕业生很大一部分将来就是教授中职院校的学生，所教学生的专业不外乎上述5个专业方向，根据上述对这5个专业的培养目标、就业去向、核心课程及学生应具备能力的分析，同时结合职教师资的特点，可构造出机械设计制造及自动化职教师资本科专业学生的课程体系，如表1-1所示。

表 1-1 专业学生课程体系

专业课程	教育类课程	实验课程和课程设计	实训与实习课程
工程材料与热加工工艺	职业教育学	计算机基础	认知认识实习
机械制造工程导论	教育心理学	大学物理实验	教育实习
机械制造技术	专业教学法与教学设计	机械零部件测绘实验	工程训练
互换性与技术测量	教育技术与教学媒体开发	机械基础实验	数控加工综合实训
数控机床与加工技术		机械原理课程设计	机械设备装调与控制技术

续表

专业课程	教育类课程	实验课程和课程设计	实训与实习课程
电气控制与PLC		机械设计课程设计	教师技能实训
流体传动与控制		机械制造技术课程设计	生产实习
机械原理与设计			电子实训

 思考题

1. 简述机器的定义并列举出一些机器的实例。
2. 什么是零件、构件及部件？
3. 机构的定义是什么？机构有哪些？
4. 简述机械结构设计的基本准则及其过程。
5. 简述机械的设计和制造过程。
6. 简述机械工程学科的知识体系。

第2章 现代机械制造业

教学目标

1. 了解现代机械制造业的特性；
2. 了解现代机械制造业在国民经济中的地位；
3. 了解现代机械制造企业的生产过程；
4. 了解我国机械制造业的基本现状。

本章重点

现代机械制造企业的生产过程和生产组织架构。

本章难点

现代机械制造业的发展趋势。

2.1 现代机械制造业概述

2.1.1 现代机械制造业的形成

机械制造的本质是通过机械加工为人类提供器具，不仅仅限于机器的制造。所谓机械加工就是使用工具、机床或其他方式改变工件（毛坯）的形状、材料性能。因此，人类从制作和使用劳动工具开始，就开始了机械制造，比如，木匠、石匠和铁匠等从事的工作，就属于机械加工的范畴。但是，直至18世纪末之前机械制造的生产形式还是小手工作坊，制造机械的装备还主要是人力手工的工具，匠人们机械制造技术也仅仅限于个体的手艺，未形成独立的规模化工业。那时候，人们还只是凭经验和一般的知识设计机器，机械工程作为专门的一门技术工程科学还没有形成。

18世纪中后期，随着蒸汽机的应用，以及制作机械开始用金属作为主要材料，这时候，各种机械开始大量使用，开始出现专门化的机器制造工厂。在这些工厂，以车床为代表的各种机床开始广泛使用，英国大约用了半个世纪的时间完成了机械制造方面的革命，到1861年所有的机械和机器基本上都可以用机器来制造了。欧洲一些国家也逐渐形成了大规模的机械制造业。机械制造业的形成，是工业革命后期经济发展非常重要的一个体现。在19世纪的大部分年代里，机床的动力来源主要是蒸汽动力，车间顶棚布满纵横交错的轴和传动皮带。1873 年，电动机成为机床的动力，开始了电力取代蒸汽动力的时代。最初，电动机安装在机床以外的一定距离处，通过皮带传动。后来把电动机直接安置在机床本身内部。19 世纪末，已有少数机床使用两台或多台电动机，分别驱动主轴和进给机构等。至此，被称为"机械工业的心脏"的机床工业已初具规模，现代机械制造业开始形成。逐渐形成了对国家经济、军事等方面具有举足轻重的机械制造行业。

机械工程也在这一时期逐渐发展成为一门有专门理论支撑的、独立的、系统的技术工程科学，并促进了 18—19 世纪的工业革命。

进入 20 世纪后，迅速发展的汽车工业和后来的飞机工业，机械制造技术向高精度、大型化、专用化和自动化的方向继续发展，奠定了真正意义上的现代机械制造业。机械制造业走到今天，已成为一个代表国家实力的重要的支柱性行业。

传统机械制造，主要依靠设备和人的能力。现代机械制造正在越来越多地依赖计算机技术及自动控制、网络、数字化、信息化、智能化等共性技术，从人员技能、设备设施、管理理念等都不断发生着许多根本性的变化。

2.1.2 现代机械制造业分类及其产品

现代机械制造业指现代企业模式下，以用机器为主要手段，以金属为主要原材料进行加工的工业，一般称为机械制造工业或机械制造业。通常认为，机械制造业包括装备制造业和最终消费品制造业。

在我国，按照国民经济行业分类，机械制造业其产品范围包括机械、电子和兵器工业中的投资类制成品。机械制造业分为金属制品业、通用装备制造业、专用设备制造业、交通运输设备制造业、电器装备及器材制造业、电子及通信设备制造业、仪器仪表及文化办公用装备制造业 7 个大类 185 个小类。

"装备制造业"这个概念，可以说是我国所独有。它的正式出现，见诸于 1998 年中央经济工作会议明确提出的"要大力发展装备制造业"。所谓"装备制造业"通常认为是为国民经济进行简单再生产和扩大再生产提供生产技术装备的工业的总称，简单地说是"制造生产机器的机器制造业"。装备制造业是机械制造业的最核心、最主要和体量最大的组成部分，因此，在很多情况下，我们说机械制造业就是指装备制造业。装备制造业又称装备工业，指从事各种动力机械、起重运输机械、农业机械、冶金矿山机械、化工机械、纺织机械、食品等日用品生产机械、机床、工具、仪器、仪表等。装备制造业是国民经济发展特别是工业发展的基础。建立起强大的装备制造业，是提高综合国力，实现工业化的根本保证。

装备制造业产品涉及范围广，门类多，技术性强，服务面宽，不仅涵盖了主机产品和维修配件，也包括基础件、通用部件，标准件等。机械装备的产品按重要性和功能，可以大致分为以下几类。

(1) 重要的基础机械

重要的基础机械即制造装备的装备，以各种机床为主。主要包括数控机床（NC）、柔性制造单元（FMC）、柔性制造系统（FMS）、计算机集成制造系统（DIMS）、工业机器人、大规模集成电路及电子制造设备等。图 2-1 是武汉重型机

图 2-1 重型立式车床

床集团制造的重型立式车床；图 2-2 是齐齐哈尔重型机床集团制造的数控重型曲轴加工机床仿真图；可以加工重 260t、长 14.5m 的轴类零件；图 2-3 是一台数控柱移动立式铣车床（直径 28m）；图 2-4 所示是几种不同结构的工业机器人。

　　（2）重要的机械、电子基础件

　　重要的机械、电子基础件主要包括先进的液压、气动、轴承、密封、模具、刀具、低压电器、微电子和电力电子器件、仪器仪表及自动化控制系统等。图 2-5 为重型轴承。

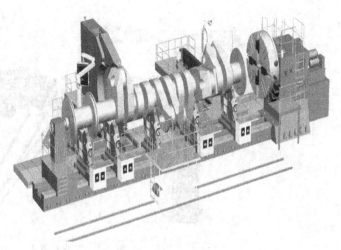

图 2-2　数控重型曲轴加工机床仿真图

图 2-3　数控柱移动立式铣车床（直径 28m）

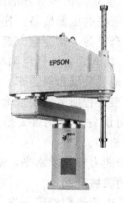

图 2-4

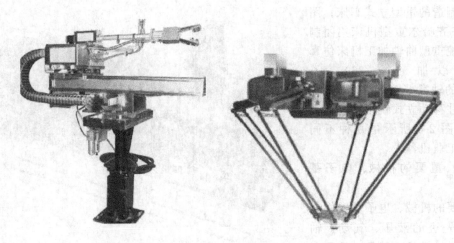

图 2-4　工业机器人

图 2-5　重型轴承

（3）重大成套技术装备

重大成套技术装备主要是国民经济各部门（农业、能源、交通、原材料、医疗卫生、环保等）、科学技术、军工所需的成套装备。比如矿产资源的井采及露天开采设备，大型电力（火电、水电、核电）成套设备，输变电（超高压交、直流输变电）成套设备，化工（石油化工、煤化工、盐化工）成套设备，黑色和有色金属冶炼轧制成套设备，先进交通运输设备（民用飞机、高速铁路、地铁及城市轨道车、汽车、船舶），大型环保设备（污水、垃圾及大型烟道气净化处理），大型工程所需重要成套设备（大江大河治理、隧道挖掘和盾构、大型输水输气），先进的印刷设备等。图 2-6 是我国自行研制开发的大型民用客机（C919）。图 2-7是我国制造的高速机车。

以上三个方面的制造能力和技术水平，基本上代表了国家的制造业的实力。

（4）专属机械行业的机械产品

一些特定机械产品，由于他们特定用途、巨大的产量或产品规格、技术特点等，在机械制造业中形成了一些具有完整体系的机械制造行业，主要是一些大规模的专用设备制造业、

图 2-6 我国制造的大型民用客机（C919）

图 2-7 我国制造的高速机车

交通运输设备制造业，比如，汽车制造业、机床制造业，轨道交通装备制造业、造船业等。专属机械行业的机械产品主要如下：

① 汽车 我国目前拥有世界产量最大的汽车制造业，生产各种各样的汽车满足人民生活、交通运输、工程建设、农业、军事和很多特殊用途等方面的需要。

② 轨道交通装备 我国目前也拥有世界是最大的轨道交通装备制造业，他们的产品是各种机车、车厢以及铁路和高铁专用的机器和设备。

③ 机床 我国的机床产量也在世界占据首位。机床是机械加工的工作母机，种类繁多，以金属切削机床为主，主要有车床、铣床、钻床、镗床、磨床、锯床、拉床、刨床、插床、卷板机床、锻压机床、铸造机床、齿轮加工机床、螺纹加工机床、简易数控机床、组合机床、专用机床等，还有剪板机、折弯机、电火花、线切机床等，以及机床附件及其通用零部件等。

④ 工程机械　工程机械门类繁多，常见的工程机械如下：

a. 矿业设备　包括采矿成套设备、选矿设备、破碎设备、水力选矿设备、浮选设备、分级设备、筛分设备、磁选设备等。

b. 冶金设备　包括冶炼设备、冶炼成套设备、炼铁设备、炼钢设备、轧钢设备、焦化设备、切断设备及其他冶炼设备等。

c. 工程与建筑机械　包括挖掘机、桩工机械、铲土运输机械、路面机械、装载机、混凝土机械、钢筋和预应力机械、凿岩机械、隧道掘进设备、压路机、打夯机、起重机等。

d. 市政环境设备　包括园林和高空作业机械、市政和环境卫生机械等。

⑤ 农业机械　农业机械是机械制造业中的一个大类，产品包括：拖拉机、农业实验设备、土壤耕整机械、种植机械、植保机械、排灌机械、收获机械、场上作业机械以及其他农业机械；粮食加工设备、食用油加工设备、屠宰及肉类初加工设备、饲料加工设备；肥料加工设备；畜牧及养殖业机械；渔业机械；林业机械等。

⑥ 船舶　江河湖海航行的船只类型很多，它们用于货运、客运、渔业、军事以及很多特殊用途。大型船只的制造从一个方面反映了一个国家的机械制造业能力和水平。超级巨轮和航空母舰是人类迄今制造出的最大的机械产品。

⑦ 航空航天装备　包括飞机、直升机等各类飞行器、机场设备，以及航空专用的附属机械产品；火箭、卫星、飞船、空间站等，以及专门服务于航天的机械装备。

⑧ 物流机械装备　包括物流机械设备中起重装卸机械、连续输送机械设备、装卸搬运机械、仓储机械设备、包装机械设备等。起重装卸机械有货运车站、港口等处的各种起重机械、集装箱专用装卸机械等；连续输送机械有带式输送机、斗式提升机、气力输送装置等；装卸搬运机械主要有叉车、单斗车等；仓储机械设备主要有自动化立体仓库设备、货架、堆垛机械、自动导向车、装卸堆垛机器人、分拣机械等。

⑨ 军工机械产品　几乎所有武器，小到枪支、子弹，大到坦克、导弹无一不是机械产品。

(5) 为各行各业提供装备的工作机械设备

现代机械制造业为各个行业提供专业机械设备和服务，形成了种类繁多的各种专业工作机械及其附件产品，这里，仅选部分常见的机械设备列举如下：

① 塑料机械　包括注塑机、覆膜机、塑料压延机、中空吹塑机、塑料造粒机、塑料挤出机、塑机辅机、其他塑料机械、加料再生破碎机、薄膜拉丝机、发泡设备。如图 2-8 所示为常见的注塑机。

图 2-8　注塑机

② 包装机及其相关设备　包括纸包装机械、塑料包装机械、金属包装机械、香烟成型包装机械（如图2-9所示）、其他包装成型机械、条码设备、打码、喷码机、充填机械、灌装机械、封口机械、裹包机械、多功能包装机、贴标机械、清洗机械、杀菌机、干燥机、捆扎机械、集装机械、辅助包装设备、各种包装生产线等。

图 2-9　香烟成型包装机械

③ 印刷机械　包括胶印机、丝印机、移印机、柔印机、数码印刷机，以及用于不同纸张、塑料薄膜、木材、金属表面印刷的各种印刷机。

④ 普通发电机、发电机组　包括同步发电机、异步发电机、柴油发电机组、汽油发电机组、燃气发电机组、风力发电机组、水力发电机组、太阳能发电机组、燃煤发电机组、发电机组零部件等。

⑤ 电动机（电机）　电动机作为机械设备的动力源，除了常见的三相异步电动机外，还有许多特殊电机，如大型超大型电机、大型直流电机、微型电动机、直动电机、平面电机等。

⑥ 纺织设备和器材　棉麻毛初加工设备、纺纱设备（纺机）、梭织设备、针织机械、非织造布机械、印染整机械与设备、纺织配件、其他纺织设备和器材。

⑦ 造纸设备及纸加工机械　包括蒸煮设备、打浆机、磨浆机、流浆箱等制浆设备；各种造纸机，复卷机等；装订机、覆膜机、上光机、烫金机、模切机、压痕机、压纹机、折页机、复合机、分切机、开槽机、分纸机、纸成型机械、其他纸加工机械、打孔机等。

⑧ 食品、饮料加工设备　包括果蔬加工设备、酒及饮料生产设备、肉制品加工设备，其他食品、饮料加工设备，食品烘焙设备、冷冻食品加工设备、休闲食品加工设备、调味品加工设备，豆、乳制品加工设备、罐头食品加工设备、炊事设备。

⑨ 服装加工设备　包括工业平缝机、包缝机、绷缝机，各种专用缝纫机、绣花机、裁剪机、整熨洗涤设备等。

⑩ 皮革加工设备　包括转鼓、压花机、片皮机、剖层机、量革机、挤水机、刻楦机、裁断机，以及其他皮革加工设备等。

⑪ 制鞋机械　包括鞋成型机、鞋眼机、压底机、压合机、钉跟机、前帮机、后帮机、结帮机、打钉机，以及其他制鞋机械、涂装设备。

⑫ 清洗、清理设备　包括工业吸尘设备、超声波清洗设备、高压水流清洗机、抛丸清理机、蒸汽清洗机、洗地机、扫地机，以及其他清洗、清理设备。

⑬ 普通污水处理设备　包括滗水器、沉淀池、污水处理成套设备、气浮设备、油水分离设备、曝气设备、污泥处理设备，以及其他污水处理设备。

⑭ 空气净化装置　包括尾气处理装置、油烟净化设备、酸雾净化器、废气吸附装置、废气处理成套设备、其他空气净化装置、空气净化器、脱硫除尘设备、垃圾焚烧炉等。

---

⑮ 其他行业专用设备　包括电脑产品制造设备、家电制造设备、家具制造机械、工艺礼品加工设备、陶瓷生产加工机械、玩具加工设备等。

⑯ 阀门　包括阀体、流量控制阀、排气阀、针阀、脚踏阀、燃气阀、角阀、单向阀、膨胀阀、气动阀、放料阀、手动阀、闸阀、截止阀、节流阀、仪表阀、柱塞阀、隔膜阀、旋塞阀、球阀、蝶阀、止回阀、减压阀、安全阀疏水阀、调节阀、底阀、排污阀、电磁阀、换向阀，以及其他阀门等。

⑰ 泵　包括管道泵、消防泵、试压泵、空调泵、隔膜泵、柱塞泵、涡流泵、高压泵、齿轮泵、屏蔽泵、自吸泵、轴流泵、增压泵、计量泵、流程泵、离心泵、耐腐蚀泵、油泵、污水泵、杂质泵、潜水泵、漩涡泵、混流泵、转子泵、真空泵、往复泵、磁力泵，以及其他泵等。

⑱ 传动机械及零部件　包括齿轮箱、减速机、变速机、传动带、齿轮、链轮/传动链、带轮、蜗轮/蜗杆、联轴器，以及其他传动件等。

⑲ 液压元件和过滤设备　包括液压元器件有动力元件、控制元件、执行元件及液压附件等。动力元件主要是各类液压泵；控制元件包括溢流阀、换向阀、减压阀、液压锁、顺序阀、节流阀、调速阀等；执行元件包括液压缸，液压马达；液压附件包括油箱、液位计、空气滤清器、吸油过滤器、回油过滤器、冷却器、压力表、压滤设备、过滤机、过滤器、滤油机等。

⑳ 风机、排风设备　包括鼓风机、通风机、工业风扇、风幕机、压缩机、离子风机、风机盘管、风叶、风管、压缩、分离设备等内燃机。

㉑ 焊接机械　包括电阻焊机、排焊机、摩擦焊机、激光焊机、滚焊机、等离子焊机、储能机、碰焊机、回流焊接机、点焊机、焊锡机、压焊机、焊线机、塑焊机、焊管机、等离子切割机、激光切割机、焊炬、割炬、焊台，以及其他电焊、切割设备等。

㉒ 金属成型设备电子产品制造设备　包括工装夹具、铆接设备、点胶设备、电容剪脚机、剥线机、充磁机、绕线机、绞线机、邦定机、贴片机、蚀刻机、跳线机、端子机、压接机、热压机、打胶机、振动盘、电镀设备、熔接机、电子元件成型机、电子电器生产线，以及其他电子产品制造设备。

㉓ 商业专用设备　包括条码设备、超市购物车、收银台、商超货架、展示架、展示柜、自动冷柜等。

以上仅仅列举了部分机械产品，还有很多，不胜枚举。随着各行各业的技术进步和生产效率的提高，机械产品的种类一直在扩展中。由于机械产品用途多样性，上述的归类也不尽合理，只是期望读者开阔眼界，关注到身边的机械，了解从事机械制造业的意义。

2.1.3　现代机械制造业的特性

现代机械制造业的特性可以归纳为"三个密集"。

(1) 资本密集

资本密集是指装备制造业企业需要很大的财力投入。

装备制造业从生产通用类装备，如农用机械、工程机械，到生产基础类装备，如机床、工装，再到生产成套类装备，如石油、化工、煤化工、盐化工成套设备等，以至更高级的生产安全保障类装备和高技术关键装备，如军事、航空航天装备等，其厂房成本、设备成本、材料成本、研发成本、人力成本等开支都十分巨大，投资规模动辄上亿，以十亿、百亿观，也不鲜见，所以装备制造业是十足的资本密集型产业。

近年来，国际资本对中国装备制造业的投资节节攀高。目前，在中国区域内，装备制造业全行业的三资企业产值过亿元的就有上千家。

（2）技术密集

技术密集是指装备制造业的生产过程对技术和智力要素的依赖大大超过其他行业。

比如生产数控机床、大规模集成电路；微电子和电力电子器件、仪器仪表、自动化控制系统；矿产资源的井采及露天开采设备；大型火电、水电、核电成套设备；民用飞机、高速铁路、地铁及城市轨道车、汽车、船舶等先进交通运输设备；大型科学仪器和医疗设备；先进大型的军事装备，通信、航管及航空航天装备等。这些产品技术含量高、生产工艺精密、组织过程复杂，对研发水平、技术实力、知识产权投入方面的要求都很高，所以装备制造业又可谓技术密集型产业。

（3）劳动密集

劳动密集是指装备制造业需要大量人力参与产成品的制造过程。

一般来讲，生产过程对技术要素的依赖与对劳动要素的依赖成反比，即只有当技术程度低时，容纳的劳动力才会多，但装备制造业则不同，技术密集与劳动密集同时存在。原因在于：装备制造业所生产的产品，如矿产资源的井采及露天开采设备，石油化工成套设备，电力成套设备，船舶、地铁、航空航天、军事装备等，其生产组织过程都非常复杂，主要是通过按单制造、非标制造、项目制造等模式进行的，而这些生产组织模式与最终消费品制造业的生产组织模式极为不同。最终消费品制造业的产品多可进行批量化、流水线生产，而装备制造业几乎不存在由少数几个工人看管数条生产线便可以使生产过程运转顺利的情况。按单制造、非标制造、项目制造模式中存在着大量的定制化采购、定制化设计、定制化生产组织、定制化装配工作，以及过程中的技术工艺变更、生产计划调整等事项，这些都需要靠人力介入进行解决，没有一成不变的、按钮式控制的"傻瓜式"生产过程。所以，装备制造业在资金密集、技术密集的同时，也是劳动密集型产业，是少有的对资本、技术与人力的需求都很旺盛的行业。也正因如此，装备制造业对投资、技术进步、就业的拉动效果极为明显，的确不愧为国民经济的支柱性产业。

2.1.4 现代机械制造业在国民经济中的地位

机械制造业是为国民经济和国防建设提供生产技术装备的制造业，是国民经济发展特别是工业发展的基础。建立起强大的装备制造业，是提高中国综合国力，实现工业化的根本保证。现代机械制造业又是科学技术物化的基础，是高新技术产业化的载体，也是为人民生活提供耐用消费品的装备产业，其发展水平是国家工业化程度的主要标志之一，在我国是工业的重点行业，是关系国家、民族长远利益的基础性和战略性支柱产业，在我国经济发展中一直居于举足轻重的地位。

当今，在微电子技术为代表的新技术革命（第三次工业革命）浪潮推动下，机械工程科学和机械工业也注入了新的活力，向着新的境界发展。计算机技术、网络技术、信息技术、新材料科学、生物技术等众多的人类现代科学技术，都深深影响着或融合于机械工程科学和机械制造行业。机械制造业理论的基础和系统、制造的技术方法和对象，都已经或正在发生着革命性的变化。也正是这种变化，机械制造业对经济发展和国防建设、对人民的生活和社会的发展的作用也愈加明显和重要。

新中国成立以来，特别是改革开放以来，我国制造业实现了持续快速发展，总体规模大幅提升，综合实力不断增强，不仅对国内经济和社会发展作出重要贡献，而且成为支撑世界经济的重要力量。

2012 年我国制造业主营业务收入占全国工业主营业务收入的 86.70%，工业制成品出口占全国货物出口总量的 95.09%，是我国国民经济的支柱。科学技术越来越成为推动经济社会发展的主要力量。制造业物化了最新的科技成果，是各国技术创新的主战场。

制造业是经济结构调整和产业转型升级的主战场。一方面，推动战略性新兴产业、先进制造业健康发展，加快传统产业转型升级；另一方面，推动服务业特别是现代服务业发展壮大。服务业发展的基础是制造业，只有制造业发达了，从业者的收入提高了、税收增加了，才能发展金融、物流等公共服务业和个人服务业。

同时，制造业对服务业的发展具有重要的支撑带动作用，例如先进的通信设备带动了年增加值约 1.4 万亿元的信息服务业，发达的汽车制造业将带动几倍汽车售价的汽车后服务业。

美国服务业占国民经济 70% 以上，但近 60% 的服务业是依靠制造业带动的生产性服务业。

当前，我国已经成为制造大国，但仍然不是制造强国。实现由制造大国向制造强国的转变，是新时期我国经济发展面临的重大课题。

这里"制造强国"有两重含义：其一，"强"是形容词，中国由制造大国成为制造强国；其二，"强"是动词，制造业强则国家强，通过制造业的发展使中国更加繁荣富强。

2.2 现代机械制造企业

2.2.1 现代机械制造企业的规模类型

机械制造企业指从事各种动力机械、起重运输机械、农业机械、冶金矿山机械、化工机械、纺织机械、机床、工具、仪器、仪表及其他机械设备等生产的工业部门。机械制造企业的规模有大型、中型、小型之分。

大型机械制造企业主要从事对国计民生和国家安全有重大战略性影响的装备的生产，包括：运载工具（火箭、航天飞机）、卫星、地面试验、发射、控制、服务等航天装备；民用和军用的各类飞机、直升机、机场装备、雷达等；民用和军用的各类大型船舶、舰艇、港口装备等；各类大型发电机组和电力设备；大型矿山、冶金成套设备；重型机床、重型工程设备；汽车、各种特种车辆等；铁路机车、高速机车等；大型拖拉机等大型农业机械等；大型军事装备等。

中型机械制造企业主要从事专业装备的生产，包括：各类机床、机床附件；各种通用机械设备和标准件，如减速器、压缩机、液压/气动元器件、轴承、螺钉/垫片/螺母、密封件等；刀具、工具、量具测量仪器等；汽车、摩托车、汽车和摩托车的零部件等，工程机械、农业机械、造纸机械、印刷机械、服装机械、物流搬运及仓储设备、通用包装机械等。小型机械制造企业主要从事各种专用机械设备和零部件加工生产，并为大中型企业生产配套。

2.2.2 现代机械制造企业的生产过程

大型机械制造企业的生产，主要依据国家计划指令生产，生产类型以单件小批量为主，研发工作占有很大分量。小型机械制造企业的生产决定于两种情况：一种是订单式生产，按订单来安排生产，类似于"找米下锅"，生产经营比较灵活；另一种情况是根据上游配套企业的生产需求来安排生产，类似于"等米下锅"，生产经营比较被动。中型机械制造企业的生产过程最具有行业代表性，其机械产品的生产过程一般包括以下几个方面。

① 生产与技术的准备，如工艺设计和专用工艺装备的设计和制造、生产计划的编制、

生产资料的准备等。

② 毛坯的制造，如铸造、锻造、冲压等。

③ 零件的加工切削加工、热处理、表面处理等。

④ 产品的装配，如总装、部装、调试检验和油漆等。

⑤ 生产的服务，如原材料、外购件和工具的供应、运输、保管等。

总之，可以归纳如下：

① 生产过程　包括原材料选择、准备，生产过程规划，零件加工与检测，装配与试验，存储、运输与安装等。

② 工艺　包括冷加工（切削加工）、热加工（铸造、锻造、焊接等）、塑形成型（冲压、拉伸、挤压等）、特种加工、热处理、装配、检测等。

③ 装备　加工设备包括切削机床、各种热加工设备、各种塑形成型设备、各种特种加工设备、热处理设备、装备辅助设备、检测仪器设备等。

④ 工装　工具包括切削刀具、量具；模具包括各类模具；夹具包括为满足各种加工方法、各种生产过程的各种零部件或产品而专用或通用的各种夹具。

一个机械产品的生产需要经过这样的流程：销售合同确认—机械制造业技术部（分专业设计组，如各部件划分—出设计图纸—工艺组，对加工工艺编排，指加工的方法及加工的可行性，设计人员对加工部门反馈意见的处理）—计划部门编排生产计划—下发至各生产车间（单元）—车间加工—零件质量交检—入库，库内零件待装配车间领用—部件组装—整机装配（包括电气、液压、气动等）—试车（技术部现场服务）—成品交包装—成品库。每一步工作的进行需与计划部门及时沟通，以方便、及时地调整计划。

2.2.3　现代机械制造企业的工厂生产组织构架

现代机械制造企业的生产是典型的离散型生产，工厂的生产系统一般有下列部门和车间构成。

① 采购部门　从事生产原材料、外购零部件、辅助材料、工装等的采购。

② 动力部门　为生产提供和管理电力、热力、压缩空气等能源。

③ 毛坯准备车间　铸造车间、锻造车间、冲压车间等，这些车间根据产品生产需要和生产配套情况设立。主要通过铸造、锻造、冲压、切割和焊接等方式，为生产零件提供毛坯，毛坯的材料、大小、形状、数量的差异都很大。

④ 热处理车间　从事毛坯、零件半成品、产品的热处理和表面处理。

⑤ 机加工车间　一般工厂根据零件加工工艺不同设有几个不同机械切削加工车间，比如，轴、盘类几个车间、大件车间、齿轮车间等。

⑥ 精密车间　从事精密零件的加工，车间多为精密加工设备。

⑦ 喷漆车间　从事零件和成品的喷漆。

⑧ 总装（装配）车间　完成产品的装配与调试。

⑨ 工具车间及工装中心（库）　为生产提供和修复机床刀具、夹具、模具、量具，以及它们的存放。

⑩ 试验/检测中心　对零件或在制品抽样检验；对材料进行检验/检测；对成品进行各项技术指标试验。

⑪ 库房　零件毛坯库、标准件库、零件半成品库、零件成品库/外购零部件库、产品库。

⑫ 维修车间　负责全场的设备维修。

⑬ 技术部门　产品设计开发部、工艺室、技术档案室等。

2.2.4　现代机械制造企业的人员构成

现代机械制造企业通常由以下人员构成。

① 总经理（CEO）。

② 副总经理（分管生产、销售、研发等）。

③ 工厂经理（厂长）。

④ 区域经理、设备经理、总工程师等。

⑤ 各类主管（生产部、制造部、设备部等）。

⑥ 各类工程师、工段长（比如质监、工艺等）。

⑦ 各类组长。

⑧ 生产工人和维修工人等。

2.3　我国机械制造行业综述

2.3.1　我国机械制造业的基本现状

经过几十年的快速发展，我国制造业规模跃居世界第一位，建立起门类齐全、独立完整的制造体系，成为支撑我国经济社会发展的重要基石和促进世界经济发展的重要力量。持续的技术创新，大大提高了我国制造业的综合竞争力。载人航天、载人深潜、大型飞机、北斗卫星导航、超级计算机、高铁装备、百万千瓦级发电装备、万米深海石油钻探设备等一批重大技术装备取得突破，形成了若干具有国际竞争力的优势产业和骨干企业，我国已具备了建设工业强国的基础和条件。

但我国仍处于工业化进程中，与先进国家相比还有较大差距。制造业大而不强，自主创新能力弱，关键核心技术与高端装备对外依存度高，以企业为主体的制造业创新体系不完善；产品档次不高，缺乏世界知名品牌；资源能源利用效率低，环境污染问题较为突出；产业结构不合理，高端装备制造业和生产性服务业发展滞后；信息化水平不高，与工业化融合深度不够；产业国际化程度不高，企业全球化经营能力不足。关于我国机械制造业的基本现状论述很多，可以归纳为以下几个方面。

① 产业规模持续快速扩张，已成为全球第一制造大国。

② 重大技术装备自主化取得较大突破。

③ 产业结构调整取得一定进展。

④ 国际竞争力不断加强。

⑤ 自主创新能力仍很薄弱，高端装备制造呈现失守困局。

⑥ 关键零部件发展滞后，主机面临"空壳化"。

⑦ 现代制造服务业发展缓慢，价值链的高端缺位。

2.3.2　通用机械制造业

(1) 通用机械制造业的定义

相对后面的专用机械制造业而言，通用机械制造业是指生产制造通用机械零部件及制造其他专业机械制品的行业，包括锅炉及原动机制造业、金属加工机械制造业、通用设备制造业、轴承和阀门制造业，以及其他通用零部件制造业和铸件制造业。

通用机械制造业主要以机床、基础件、铸造件为主要产品类型，下游主要需求行业为机械设备制造整个行业、化工、电力、冶金、汽车等多项领域，上游原材料主要为钢材，占该行业成本的50%以上，其他如铜铝等常用有色金属、能源、人力资源等所占成本比重相对较低。

改革开放以来，中国制造业有了显著的发展，无论制造业总量还是制造业技术水平都有很大的提高。通用机械制造业从产品研发、技术装备和加工能力等方面都取得了很大的进步，但具有独立自主知识产权的品牌产品却不多，很多核心技术都靠进口欧美等国为主。

(2) 通用机械制造业的生产特点

我们可以看出机械制造业具有以离散为主、流程为辅、装配为重点的主要特点。以通用设备制造为例，生产方式一般为单独的零部件组成最终产品，这属于典型的离散型工业。基于以上行业特性，通用机械行业在生产经营过程中具有以下特点。

① 自动化水平相对较低　通用机械制造业企业由于主要是离散加工，产品的质量和生产率很大程度上依赖于工人的技术水平，自动化主要在单元级，例如数控机床、柔性制造系统等。

② 工艺流程简单明了，工艺路线灵活，制造资源协调困难　通用机械行业产品结构清晰明确。机械制造企业的产品结构可以用数的概念进行描述，最终产品一定是由固定个数的零件或部件组成，这些关系非常明确和固定。面向订单的机械制造业的特点是多品种和小批量。因此，机械制造业生产设备的布置一般不是按产品而是按照工艺进行的，每个产品的工艺过程都可能不一样，而且，可以进行同一种加工工艺的机床有多台。因此，需要对所加工的物料进行调度，并且中间品需要进行搬运。

③ 生产计划的制订与生产任务的管理任务繁重　属于典型的离散型机械制造业企业。由于主要从事单件、小批量生产，产品的工艺过程经常变更，由于主要是按订单组织生产，很难预测订单在什么时候到来，因此，对采购和生产车间的计划就需要很好的生产计划系统。

生产流程的特点如下：

① 通用机械制造业的加工过程基本上是把原材料分割，然后逐一经过车、铣、刨、磨等加工工艺，部件装配，最后装配成成品出厂。

② 生产方式以按订单生产为主，按订单设计和按库存生产为辅。

③ 产品结构复杂，工程设计任务很重，不仅新产品开发要重新设计，而且生产过程中也有大量的设计变更和工艺设计任务，设计版本在不断更新。

④ 制造工艺复杂，加工工艺路线具有很大的不确定性，生产过程所需机器设备和工装夹具种类繁多。

⑤ 物料存储简易方便。机械制造业企业的原材料主要是固体（如钢材），产品也为固体形状，因此存储多为通用室内仓库或室外露天仓库。

⑥ 通用机械制造业企业由于主要是离散加工，产品的质量和生产率很大程度依赖于工人的技术水平，而自动化程度主要在单元级，例如数控机床、柔性制造系统等。因此机械制造业也是一个人员密集型行业，自动化水平相对较低。

⑦ 产品生命周期长，更新换代慢。目前我国大中型企业生产的2000多种主导产品平均生命周期为10.5年，是美国同类产品生命周期的3.5倍。

⑧ 产品零部件一般采用自制与委外加工相结合的方式。一般电镀、喷漆等特殊工艺会委托协力厂商加工。

（3）金属切削机床制造业

金属加工机械制造业包括金属切削机床制造业、锻压设备制造业、铸造机械制造业、机械附件制造业及其他金属加工机械制造业。金属切削机床制造是指用于加工金属的各种切削加工机床的制造。机床是一切机器的母机，是装备制造业的龙头，是机械工业的基础。机床作为装备产业中最为典型、最为基础的产业被誉为"装备工业中的装备工业"，是支撑装备制造业发展的最重要的基础性和支柱性行业，对国家的经济建设和国防安全都有着极其重要的战略意义。机床是机械工业的基本生产设备，它的品种、质量和加工效率直接影响着其他机械产品的生产技术水平和经济效益。因此，机床工业的现代化水平和规模，以及所拥有机床的数量和质量是一个国家工业发达程度的重要标志之一。

在我国振兴装备制造业和国际产业转移的大背景下，伴随着我国国民经济的重化工业化进程，在我国国民经济连续快速增长的强劲推动下，我国的机床行业连续多年高速增长，实现了机床行业的跨越式发展，我国机床行业的全球竞争力得到了显著的提高。但我国机床行业同世界先进水平相比，仍然存在很大差距。

机床的生产工艺流程主要包括产品设计、毛坯加工、精加工、附件制造及采购、部件装配、总装、试车、交付使用等环节。

① 产品设计　市场需求量较大的普通机床（含数控机床）产品，有定型的设计图纸，如客户有特殊需求，需在通用设计图纸的基础上加以修改和调整；客户提出个性化需求的机床产品，特别是加工中心等高端产品，需根据客户要求另行进行产品设计。

② 毛坯加工　指根据设计图纸对金属物料进行铸造、锻压、锤击、切割等加工，将金属物料加工成规定形状和尺寸的毛坯件。

③ 精加工　指将初加工的毛坯件按照设计图纸要求的尺寸精度、形状精度、位置精度、表面质量加工成合格的机床零部件。

④ 附件制造及采购　包括导轨、刀具、轴承、数控系统等附件的制造和采购。

⑤ 部件装配　根据设计图纸，按照生产产品的系统构成，将已经加工制造的零部件分系统组装装配。

⑥ 总装　将已经组装好的产品部件按照设计图纸总装成完整的产品。

⑦ 试车　生产出的机床在交付客户前要进行严格的试车检查和调试，测试其各项功能、加工指标是否符合客户的要求。

⑧ 交付使用　将试车合格、已经调试好的机床交付客户，由客户根据订购合同检查、验收。

行业的生产运行特征如下：

① 低端普通机床按型号生产，产品销售出现柜台化的趋势，中高档的数控机床、特别是重型机床、加工中心按订单组织生产。

② 由于市场细分层级多而且对应机床产品门类众多的特点，决定了企业的生产主要以中小批量为主，有的甚至是专门根据需求量身定做，难以形成产品的大规模化生产。

③ 原材料主要为钢材，由于产品生产周期相对较长，受原材料价格波动影响较大，成本控制难度较高。

④ 属资金和技术密集型行业，行业的准入门槛较高。

⑤ 技术创新能给行业带来明显效益，对技术研发人才和熟练技术工人的要求比较迫切。

（4）轴承制造业

我国轴承行业制造工艺流程技术近年发展较快，生产基本标准化，与国际技术差距进一步缩小，逐渐与国际标准接轨。但在高新技术研究的大力投入，轴承质量的稳定性、可靠性和轴承寿命的稳步提高，产品设计基础理论研究加强，高端轴承产品制造技术提升，加快向高附加值产品的生产转型等方面，与国外差距仍很明显。国内轴承产品生产以中小型、中低端轴承居多，大型的、高科技含量的轴承尚需大量依赖进口。目前，国内主要生产商包括以瓦房店轴承集团有限公司、洛阳 LYC 轴承有限公司、人本集团有限公司、浙江天马轴承股份有限公司、哈尔滨轴承集团和西北轴承股份有限公司等为代表的近 2000 家企业。

(5) 通用机械制造业发展趋势

通用机械制造业子行业中，机床行业的发展值得期待。机床是先进制造业技术的载体和装备工业的基本生产手段，机械制造的工作母机，是装备制造业的基础设备，主要应用领域是船舶、工程机械、军工、农机、电力设备、铁路机车、汽车等行业。下游机械行业产能扩展压力使得机床行业正赢来快速发展阶段。就最近几年的发展情况来看，在机床工业的下游产业中工程机械、重型机械、船舶军工、风电是发展最快的行业。这些行业的企业在从产能闲置发展到满产超产的过程中对机床设备的更新换代和小规模的添置需求带动了机床工业的稳定增长，未来工程机械、铁路机械和风电可能成为下一次推动机床行业增长的主动力。

机床行业正朝着兼顾高效率、高精度、高柔性、数字化、智能化的方向发展。机床行业重点发展的产品有以下几种。

① 高性能数控金切机床　包括高速精密加工中心、精密车床、高速五面及五轴加工中心、数控高精度磨床、数控高速铣床、数控高精度重型机床、数控金切特种机床及专机等。

② 高精度、高性能功能部件　包括高速电主轴及直线电机、高速高精度滚珠丝杠及滚动导轨、数控刀架和转台、刀库机械手等。

③ 数控刀具　包括高精度、高效率、高可靠性和专用化刀具。

④ 高档数控系统。

⑤ 高精度、数字化检测仪器。

⑥ 数字化塑性成型技术装备　包括数控碾压成型设备、数控高速冲模回转压力机、数控热模锻压力机、数控板材无模多点成型机等。

⑦ 特种加工设备　包括高精度电加工机床、高档激光加工设备和快速成型制造设备。

⑧ 重大成套加工设备。

2.3.3　专用设备制造业

(1) 专用设备制造业的概念

专用设备制造业的概念与国际说法接轨。专用设备制造业是指服务于某专门行业的设备制造业，隶属于装备制造业范畴。专用设备制造业与通用设备制造业的区别，是按照设备的应用规模（行业）来区分的。通俗意义上来说，专门为一个行业服务应用的设备称为专用设备制造业，而可以应用于两个及以上行业的设备归类于通用设备制造业。即使是同一类设备也有区分，例如机床，就有通用机床和用于特殊场合的专用机床之分。

专用设备制造业主要有模具制造，炼油、化工生产专用设备制造，建筑工程用机械制造，冶金专用设备制造，社会公共安全设备及器材制造，食品、酒、饮料及茶生产专用设备制造，木材加工机械制造，印刷专用设备制造，水资源专用机械制造，石油钻采专用设备制造，医疗、外科及兽医用器械制造，日用化工专用设备制造等。

从行业经营特点看，专业设备制造业户源分散，税源结构复杂，固定资产一次性投入，产品生产周期相对较长，对流动资金的充裕度要求较高，品种繁杂，材料耗用难掌握。

(2) 专用设备制造业发展概况

专用设备制造业属于我国传统的劳动密集型产业，在国际市场上竞争力比较弱，国内的大型设备主要都依赖进口。在相当长的一段时期里，技术创新缓慢，技术演进过程相对其他产业漫长，所以技术创新效率低。

目前，我国专用设备制造业呈现良好的增长态势，行业整体增长速度较快。专用设备制造业每年资产总额增长速度均超过我国国内生产总值增速。专用设备制造业是典型的下游行业需求拉动型行业，其发展与国家宏观政策、固定资产投资、下游行业发展状况息息相关。近年来，随着经济转型等诸多因素的影响，行业整体增长速度趋缓。

在专用设备制造业中，无论是机器设备、技术研发费用还是售后服务体系，所需投资数额均较大，属于资本密集型行业。随着资金需求量越来越大、技术进步和专业化程度越来越高，进入专用设备制造业的门槛也相应提高，潜在竞争者的威胁相对较少。因此，相比装备制造业中的其他子行业而言，专用设备制造业具有技术含量高、资金需求量大、毛利率较高及规模经济效应大等特点。

（3）专用设备制造业经济运行特点

专用设备制造业是为国民经济各部门以及国防和基础设施建设提供装备的先进制造产业。受投资快速增长、国家对自主创新产业大力支持以及产业技术升级趋势加快的影响，我国专用设备制造业目前呈现良好的增长趋势，行业整体增长速度较快。

专用设备制造业是典型的下游行业需求拉动型行业，其发展与国家宏观政策、固定资产投资、下游行业发展状况息息相关。近年来，我国固定资产投资规模日益增长，专用设备需求量不断增长，专用设备制造业盈利能力显著增强。相比其他类型的制造业，专用设备制造业具有技术含量高、资金需求量大、毛利率较高等特点。

（4）专用设备制造业发展现状

近年来，专业设备制造业在质量管理体系认证率、出口商品检验合格率、研究与试验发展经费比重、技术改造经费比重等方面，体现出很强的质量竞争力，技术创新表现突出。

在国产化竞争中，我国国产专业设备性价比高。经过多年来的努力，目前我国各类装备中的关键设备已逐渐实现自主化，国产设备具有明显的性价比优势，在电力、钢铁、石化等工程建设领域，国产装备价格一般较进口同类设备低 1/3 左右。采用国产设备不仅可以大大节约工程投资和运行维护费用，而且在参与国内市场竞争的过程中，还可以提高企业竞争力，有力地牵制国外公司报价，比如我国的高铁制造业。

2.3.4 交通运输设备制造业

（1）汽车制造业

汽车制造业是一个庞大的社会经济系统工程，和通用产品有所区别。汽车产品是一个高度综合的最终产品，需要组织专业化协作和相关工业产品与之配套，属于社会化大生产。经过 50 年的发展，我国汽车制造业已取得一定的成绩，并且具备了较好的产业基础，汽车总产量位列世界第四。然而，我国的汽车制造业与世界汽车工业先进国家相比而言，还有很大的差距，尚属于雏形产业，国际竞争力不足。随着经济全球化，汽车工业必须面对国际与国内广泛领域的挑战。

自 2002 年开始，中国的汽车行业开始进入了一个爆发的阶段，尤其是私人消费的兴起，促使了汽车的需求量攀升，并且迅速成为推动中国汽车行业的一大动力。到了 2009 年，更是以山洪似的风暴，冲刷了世界汽车行业，无论从规模、产量上来说，都快速增涨。

整体来说，我国的汽车制造业的发展现状主要体现在以下两方面。

一方面是我国自主研发的汽车，份额并不算太高，这也凸显了我们科技力量不足的缺陷。制造大国，并不等于科技大国，因我国没有强大的自主研发能力与品牌支撑，或将在未来很长一段时间里，中国汽车工业要失去话语权。这会严重影响中国汽车业的独立与安全。

据相关数据显示，中国汽车业内，国外以40%的资本，占据了50%的市场份额，提取了70%的市场利润。因缺乏自主研发能力与自主品牌，中国的汽车公司正成为国外巨头的OEM厂（代工生产商）。

另一方面，我国汽车整车出口的整体趋势为：数量在增涨，产品档次和质量也不断地提升。中国的自主研发汽车品牌车企，纷纷瞄准了国际市场，积极"走出"国门，具有了国际化的标志。最能佐证的就是奇瑞和吉利汽车，这两个车企的汽车，在世界很多地方建立了良好的生产基地，并且实现了国际售后服务软件和市场信息系统。前者进军东南亚、中东、南美和俄罗斯市场，已与全球25个国家建立贸易联系，在乌克兰、埃及、印尼、伊朗等地设立了生产基地，实现了OEM化的发展方向。后者则出口至全球30多个国家，尽管说我国的汽车工业还存在这样或那样的问题，但也必须承认，改革开放以来，我国汽车工业的进步是巨大的，现在我国自主生产的汽车质量大幅提高，种类齐全，跟进世界先进技术迅速，我们的国产车也频繁亮相于法兰克福车展、北美车展等国际车展，也受到一些国家人民的青睐。在技术进步方面，我国汽车工业也是亮点频现，这里略举两例：一是F4锦标赛赛车搭载吉利自主发动机，世界F4方程式锦标赛首次落户中国，赛车选用吉利2.0L自然吸气发动机。吉利发动机得到国际汽联的认可，是欧洲以外唯一获此授权的发动机！国际汽联主席让·托德现场祝贺并表示，F4中国赛车装配的吉利发动机，表现非常优异，期望中国车手能与搭载吉利发动机的赛车，向世界展示中国的实力。二是在混动车领域挺进的比亚迪：在汽车制造业领域，作为国产车比亚迪，其各项数据综合指标都很优秀。在混动车领域技术，比亚迪处于世界先进水平，他们的直喷增压发动机以及干湿式双离合变速器无疑可以证明这一点。双擎双模，是世界上最快的前驱车！世界上续驶里程最长的电动大巴，同样也出自于比亚迪K9。

当前，我国的汽车产业，正处在新的抉择关键性时刻，我们应该以什么样的姿态迎接工业革命4.0的挑战？是引进来还是走出去？或者是"引走"相结合？

以共时和历时的视角来看待世界汽车的发展史，无论是技术层面，还是产品的更新换代，并无发生颠覆性的变化。举例说明，比如发动机，整体的趋势是越来越节能、环保、功率配比愈趋合理；又如变速器，变的是越来越精细、匹配性能愈来愈好、功能日趋强劲；再如车身设计，随着美学的发展和创新思维的发生，车身变得越来越美观和动感，实用性愈发加强。而且，随着人类的需求，汽车产品也日新月异、应接不暇。

未来的汽车行业发展，会朝低碳化、智能化、信息化的方向发展，甚至是多能源和高品质！不论是国外的汽车行业，或者是中国的汽车行业，都在努力往这个方向发展，但这需要一段时间缓冲和转折方能实现或者逐步实现。

把中国建设成汽车大国是非常容易的，我国人口基数大，汽车购置能力要优于其他国家。要实现汽车大国容易，但发展成为汽车强国却并不容易。我们只有贯彻科技强国战略，接近或者成为世界科技舞台核心，引领技术新潮，才可成为汽车强国。

未来的汽车，中国的技或登上世界的舞台，书写属于我们自己的荣耀！

（2）航空工业

航空工业的基本特征是：知识和技术密集型极为典型；产品和工艺高度精密、综合性强；军用与民用结合密切。

航空工业不但为人们提供了一种快速、方便、经济、安全、舒适的运输手段，还广泛用于空中摄影、大地测绘、地质勘探、资源调查、播种施肥、森林防火、环境保护等方面。航空工业发端于20世纪初。1903年12月17日，美国莱特兄弟成功制造出世界公认的第一架飞机,第一次实现了人类持续的、有动力的、可操纵的飞行。从 1909 年起,一些国家注意到飞机的军事用途,陆续成立了航空科学研究机构。第一次世界大战中,航空工业有较快的发展。二次大战后,喷气技术推动航空工业的大发展,军用飞机的飞行速度从亚音速发展到 20 世纪 40 年代后期的超音速,50 年代后期的两倍音速,70 年代的三倍音速,并出现了超音速的大型客机。

① 中国航空工业的发展历程

我国的飞机制造业起步于 20 世纪 50 年代,在漫长的发展进程中,经历了由小到大、由修理到制造、由模仿到自行研制的艰苦历程,逐步形成了生产、科研、贸易一体化的较为完整的飞机等航空类工业体系,航空类产品设计技术、制造技术以及工业管理水平均有了较大提高。随着全球经济一体化的加速,越来越多的中国飞机制造业开始融入到全球飞机制造业的价值链中,对国际飞机制造业的产业价值贡献比重呈上升趋势。目前,我国航空制造业尚处于半计划经济体制下,以军用飞机型号的研究与制造为重点,融入全球合作业务的成分还非常有限,在国际飞机制造价值链中处于低端的零部件加工环节。

新中国建立后,航空工业作为国防工业的重点之一得到优先发展。1956 年 7 月,中国第一架喷气式歼击机(歼 5)试制成功;超音速歼击机(歼 6)于 1959 年 9 月试飞,1963 年定型生产;1964 年开始试制歼 7 飞机,1967 年 6 月投产,随后不断改进创新,派生出了多种机型;1980 年 3 月歼 8 飞机定型生产,这是中国航空工业部门自行设计、独立研制生产的高空高速歼击机;同时,还研制生产了强击机、轰炸机、教练机和直升机等。20 世纪 80 年代,歼 8Ⅱ、歼 7Ⅲ、歼教 7 等一系列作战、训练飞机研制成功,标志着中国军用航空工业进入了一个新阶段。运 7、运 8、运 12 和直 9 等民用机相继投入使用并有少量出口。中国的航空工业已具有一定规模,初步形成了门类比较齐全的科研生产教育体系。科研试验条件逐步建立并日臻完善,自行制造的新型飞机日益增多。已经生产了歼击机、轰炸机、强击机、直升机、运输机、侦察机、教练机、多用途飞机、无人驾驶飞机和超轻型飞机,以及多种战术导弹,装备了我军并支援了友好国家。

② 航空制造业的产品与市场

航空产品主要包括军用飞机、民用飞机、航空发动机、机载设备、航空导弹以及其他相关产品。

民用飞机主要包括干线客机、支线客机、货机、直升机、通用飞机等。

军用飞机包括战斗机、轰炸机、战略轰炸机、武装直升机、军用运输机、空中加油机、空中预警机、教练机等。航空发动机包括涡扇、涡桨、涡喷等以及由此发展的舰艇用燃气轮机。机载设备范围比较广泛,包括飞行仪器仪表、控制系统、雷达系统。

航空产业的市场已经形成了欧洲和美国的竞争体系,各自在国防、商业和民用航空领域保持相当的市场份额。2006 年俄罗斯完成了对国内主要航空企业的整合,未来也将强势进入世界航空领域的竞争之中,尤其强调要进入民用航空领域的竞争。亚洲各国没有实力与之相对抗,多数采用的是分包、合资建厂等合作手段,进入世界航空市场。

中国民机制造业具有战略性变化的事情应该是中国政府将大型客机研制项目作为未来发展专项提出,并通过国务院的发展立项。同时,空客公司将在天津建设空客飞机的总装线,这表明世界航空巨头对中国航空工业转包业务发展水平的认可,也给中国航空工业的进一步发展提供了良好机遇。

③ 发展前景

相关信息表明,无论是世界市场还是中国市场,所有的航空产品需求未来都将保持快速增长。

中国航空行业未来将有良好的投资机会，但是航空企业之间的资产盈利能力和发展前景具有较大差异，需要甄别航空企业具体的情况。中国的航空力量发展迅速，并且已经在国际市场上有相当的影响力。但是我们的航空发展水平和欧美先进国家相比，仍然显得相当落后。

④ 航空工业为国家战略性产业

世界主要国家都将航空工业定义为国家战略性产业，既是一个国家国防安全的重要基础，也体现了一个国家的工业发展程度，是一个国家综合国力的体现。国内外的发展经验综合体现了航空工业的国家战略地位。

第一，航空工业是建设独立自主巩固国防的重要基础。

现代局部战争的实践表明，航空武器装备对战争的进程和结局都发挥着关键性作用。世界军事大国把航空武器的发展放到了更加突出的位置，以争夺新世纪军事斗争的"制高点"。在美国的国防预算（装备采购）中，1/3以上的投资是用于飞机项目的。

第二，航空工业是带动国民经济发展的重要产业，航空工业是尖端技术发展的引擎。现代航空产品是尖端技术的集成，先进航空产品的研制生产必然带动尖端技术的发展。历史已经表明，先进航空产品的研制生产有力地促进了冶金、化工、材料、电子和机械加工等领域的技术进步，从而在技术层面上提升了国民经济。

航空技术用途广泛。航空高技术可以转移应用于广阔的非航空领域，从而推动国民经济的发展。日本曾作过一次500余项技术扩散案例分析，发现60%的技术源于航空工业。航空运输对国民经济发展的贡献率日益增大。交通运输是世界经济和旅游业发展的基础。随着世界经济和旅游业的发展，航空运输在整个运输结构中的比例在不断提高。

（3）轨道交通装备制造业

我国轨道交通装备制造业经历60多年的发展，已经形成了自主研发、配套完整、设备先进、规模经营的集研发、设计、制造、试验和服务于一体的轨道交通装备制造体系，包括电力机车、内燃机车、动车组、铁道客车、铁道货车、城轨车辆、机车车辆关键部件、信号设备、牵引供电设备、轨道工程机械设备等10个专业制造系统，特别是近十年来在"高速""重载""便捷""环保"技术路线推进下，高速动车组和大功率机车取得了举世瞩目的成就。中国轨道交通装备制造业是创新驱动、智能转型、强化基础、绿色发展的典型代表，是我国高端装备制造领域自主创新程度最高、国际创新竞争力最强、产业带动效应最明显的行业之一。但我国轨道交通装备制造行业仍然年轻，与发达工业国家相比还有一定的提升空间。我国轨道交通装备制造业要以国家实施的"中国制造2025""一带一路"战略为契机，紧紧抓住技术演进和产业发展的机遇，坚持创新驱动，实现由制造大国到制造强国的升级。

① 全球轨道交通装备制造业发展趋势

随着社会经济的快速发展，资源紧缺、污染严重等问题突出，造成客货运力不足、道路交通拥堵、排放及噪声污染、公交便捷及安全等问题愈发被人们关注。因此，世界各国都将发展安全、高效、绿色、智能的新型轨道交通作为未来公共交通发展的主导方向，发展模式也由传统模式向互联互通、可持续、多模式运输发展转化。

当前，全球正出现以信息网络、智能制造、新能源和新材料为代表的新一轮技术创新浪潮，全球轨道交通装备领域正孕育着新一轮全方位的变革。轨道交通装备制造业作为高端制造的代表，全球领先的轨道交通企业已经开始实施产品数字化设计、智能化制造、信息化服务。在发展趋势和政策导向下，中国轨道交通装备制造业将迈进信息化、智能化时代，走上制造强国之路。

② 发展目标和发展路径

"中国制造2025"轨道交通装备制造业的根本任务是善用轨道交通作为公共交通和大宗运输载体的巨大发展空间,以绿色智能技术为主线,以多样性产品为载体,以全球市场为目标,实现技术引领、产业辐射。

到2025年,我国轨道交通装备制造业要形成完善的、具有持续创新能力的创新体系,在主要领域全面推行智能制造模式,主要产品达到国际领先水平,境外业务占比达到40%,服务业务占比超过20%,主导国际标准修订,建成全球领先的现代化轨道交通装备产业体系,占据全球产业链的高端。

围绕轨道交通装备制造强国的战略目标,按照"推动原始创新、引领绿色智能、创新发展模式、拓展国际空间"的发展思路,以构建具有世界领先的现代轨道交通装备产业体系为指引,以体现信息技术与制造技术深度融合的数字化、智能化中国制造为主线,推进要素驱动向创新驱动转变、低成本竞争优势向质量效益竞争优势转变、传统制造向智能制造转变、生产型制造向服务型制造转变。

③ 发展的重点任务

未来十年的我国轨道交通装备发展重点是依托数字化、信息化技术平台,广泛应用新材料、新技术和新工艺,重点研制安全可靠、先进成熟、节能环保的绿色智能谱系化产品,拓展"制造+服务"商业模式,开展全球化经营,建立世界领先的轨道交通装备产业创新体系。

实施创新驱动:研制中国标准高速动车组等满足国内外市场需求的标准型产品,进一步打造具有国际竞争力的平台化、谱系化、智能化和绿色节能轨道交通装备产品。开发现代轨道交通装备新一代高效节能技术,实现绿色智能轨道交通装备的工程应用;研究车辆车体轻量化、高性能转向架、数字液压列车制动系统等技术,实现向低消耗、高性能、高可靠产品升级;研究基于以太网的网络控制、无线传输、故障灾害预警监测等技术,建立基于大数据、云计算的轨道交通敏捷运维保障系统。

推进智能转型:推进信息化和工业化深度融合,开展数字化、智能化制造,提供数字化、网络化服务,实现轨道交通装备绿色智能化。使装备产品向安全保障、装备轻量、保质保寿和节能环保等技术方向发展。借助大数据系统和云服务技术,促进研究设计、生产制造、检测检验、运营管理等各个环节向数字化和智能化发展,支持有条件的轨道交通整车及核心部件企业建设数字化、智能化工厂或车间。

强化产业基础:以企业为主体,产学研用相结合,加强基础性、前瞻性技术研究,建立和完善国家工程实验室、国家工程研究中心等国家级研发基地。基于轨道交通装备"安全、可靠、节能、环保"技术目标,重点研究开发碳化硅新型高效变流器等核心基础器件。以安全可靠性、经济可承受性为主旨,重点开发高品质结构材料和工艺材料。以节能降耗、提质增效为目标,重点开发先进、绿色的锻压工艺、焊接工艺等特种加工工艺。开展轨道交通装备制造基础研究和绿色智能装备研制,提升轨道交通加工、检测装备国产化、自主化水平。

发展制造服务业:我国轨道交通装备制造业目前主要还是以加工、生产、装配及组装为主,而未来的发展趋势将是产品制造与增值服务相融合的产业形态,即服务型制造。我国轨道交通装备制造业应抓住经济转型升级的难得机遇,大力发展现代制造服务业,拓展在设计研发、试验验证、系统集成、认证咨询、运营调控、维修保养、工程承包等产业链前后端的增值服务业务,逐步实现由"生产型制造"向"服务型制造"转型。通过发展轨道交通装备服务业务,提升在世界轨道交通产业价值链中的地位,提高国际市场的竞争力。

④ 加速"走出去",提升全球竞争力

轨道交通装备产品作为我国高端装备"走出去"的代表,得到李克强总理等国家领导人的大力支持。李克强总理曾在考察南车株洲电力机车有限公司时说:"中国装备走出去,你们的机车车辆是代表作。"

我国政府正强有力推动"一带一路"战略实施,带动相关企业"走出去"。"一带一路"战略区域辐射中南亚、南亚、中亚和西亚等国家,并延伸至东欧、北非,这些区域都对基础设施建设和互联互通有迫切的需求。作为绿色环保、大运量交通方式,轨道交通将成为"一带一路"的先锋,"一带一路"沿线及辐射区域将形成庞大的轨道交通市场需求。

海外市场是我国轨道交通装备制造业持续发展的蓝海,轨道交通装备企业要抓住国家重点实施的"一带一路"战略契机,积极开展海外业务,构建"产品+服务+技术+投资"全方位国际化经营能力。

近几年尽管全球经济不景气,但轨道交通装备行业还是呈现出强劲的增长态势。产值从2010年的1310亿欧元增长到2012年的1430亿欧元、2013年的1620亿欧元。未来每年还将有3.4%的年平均增长率,预计到2018年,全球轨道交通装备制造业的产值还将突破1900亿欧元。从全球市场分布上看,中国、美国、俄罗斯拥有全球最大的铁路网,是全球轨道交通装备制造业最大的市场,独联体、中东、南非、亚洲、南美等地区则快速呈现出轨道交通装备的巨量需求。

(4) 船舶工业

船舶工业是为水上交通、海洋开发及国防建设提供技术装备的现代综合性产业,是军民结合的战略性产业,是先进装备制造业的重要组成部分。进一步发展壮大船舶工业,是提升我国综合国力的必然要求,对维护国家海洋权益、加快海洋开发、保障战略运输安全、促进国民经济持续增长、增加劳动力就业具有重要意义。

改革开放以来,我国船舶工业高速发展。产业规模实现跨越式增长,国际地位显著提升,产业技术水平和综合竞争力有了较大提高。2010年我国造船完工量6560万载重吨,跃居世界第一,国际市场占有率达43.6%,完成工业增加值1662亿元,增加值占工业总产值比重达24%,实现销售收入超过6000亿元,船舶出口额突破400亿美元,"十一五"规划主要指标全面完成。在主流船型、高技术船舶、海洋工程装备领域科技创新取得重大突破,主要船用设备本土化配套能力和水平快速提升,造船周期明显缩短,经济运行质量显著改善,投资主体进一步多元化,我国已经成为世界最主要的造船大国。

同时,必须清醒地看到,我国船舶工业在高速发展中也积累了不少矛盾和问题,主要表现在:创新能力不强,结构性矛盾突出,产业集中度较低,生产效率和管理水平亟待提高,船舶配套业发展滞后,海洋工程装备发展步伐缓慢。与世界造船强国相比,我国船舶工业整体水平和实力仍有较大差距。

当前,船舶工业将进入由大到强转变的关键阶段。我国经济社会发展和综合国力的进一步提升,对船舶工业全面做强提出更紧迫的要求,产业发展既面临重要机遇,也面临严峻挑战。一方面经济全球化和国际贸易深入发展,科技创新孕育新机遇,船舶工业发展领域不断拓宽;国内宏观经济形势和融资环境持续向好,海运贸易和海洋经济发展空间广阔;我国船舶工业仍将处于成长期,产业基础更加雄厚,依然具有劳动力、技术、资本、市场等综合比较优势,承接世界造船中心转移的大趋势没有改变,我们完全有条件推动船舶工业再上新台阶。另一方面,国际金融危机影响深远,世界经济增长速度减缓,全球船舶运力和建造能力过剩,造船市场有效需求不足;需求结构出现明显变化,散货船等常规船型需求乏力,高技术船舶和海洋工程装备需求相对旺盛;国际海事新标准、新规范频繁出台,船舶安全、绿色、环保要求全面提高,先进造船国家加强技术封锁,不断构筑技术壁垒;世界造船竞争格局面临深度调整,市场竞争将更加激烈。与此同时,国内劳动力成本不断上升,人民币汇率、原材料和设备价格波动加大，主要依靠生产要素投入的发展方式将难以为继。在新的历史时期，我们必须科学判断和准确把握发展趋势，充分利用各种有利条件，加快结构调整和转型升级，积极创造产业发展和国际竞争新优势。

我国船舶工业产业体系基本完善，产业结构更趋合理，创新能力和产业综合素质显著提升，国际造船市场份额稳居世界前列，跻身于世界造船强国。

① 科技综合实力跨入世界前列　主流船型综合竞争力显著提升，形成 50 多个满足最新国际规范要求、引领国际市场需求的知名品牌产品。具备主要高新技术船舶和深水海洋工程装备的设计能力，全面突破高技术船舶的关键技术，海洋工程装备设计制造能力进入世界前列。基础共性技术水平显著提高，技术储备明显增强。规模以上企业研发经费投入不低于销售收入的 2%。

② 产业结构优化升级　环渤海湾、长江三角洲和珠江三角洲造船基地成为世界级造船基地，产业集中度明显提升，前 10 家造船企业造船完工量占全国总量的 70% 以上，进入世界造船前十强企业达到 5 家以上，已培育 5～6 个具有国际影响力的海工装备总承包商和一批专业化分包商。海洋工程装备制造业销售收入达到 2000 亿元以上，国际市场份额超过 20%；形成若干具有较强国际竞争力的品牌修船企业。2015 年船舶工业销售收入达到 12000 亿元，出口总额超过 800 亿美元。

③ 效率效益显著提升　船舶工业全面建立现代造船模式，数字化造船能力明显提高。骨干企业造船效率达到 15 工时/修正总吨，典型船舶建造周期达到世界先进水平，基本实现造船总装化、管理精细化、信息集成化和生产安全化。骨干企业平均钢材一次利用率达到 90% 以上；规模以上企业单位工业增加值能耗下降 20%。大中型企业资源计划（ERP）普及率达到 80%，数字化设计工具普及率达到 85%，关键工艺流程数控化率达到 70%。

④ 配套能力和水平大幅提高　船舶配套业销售收入达到 3000 亿元，船舶动力和甲板机械领域形成 5～10 家销售收入超百亿元的综合集成供应商。主要船用设备制造技术达到世界先进水平，平均装船率达到 80% 以上，形成一批具有知识产权的国际知名品牌产品，品牌船用设备装船率达到 30% 以上。在船舶自动化和系统集成等方面取得重要突破。海洋油气开发装备关键系统和设备配套率达到 30% 以上。

船舶制造的重点产品：绿色环保船型；大型散货船和油船、超大型集装箱船等大型主流船舶；大型 LNG（液化天然气，Liquefied Natural Gas）船、支线 LNG 船、LPG（液化石油气简称液化气，Liquefied Petroleum Gas）船、大型化学品船、特种工程船舶、汽车运输船、豪华客滚船、豪华游船等高技术、高附加值船舶；高等级冰区多用途船、大型自破冰原油船等冰区船舶；高性能船舶、功能复合型船舶等新型船舶；长江中下游宽体浅吃水汽车运输船、江海直达宽体浅吃水集装箱船、内河高速客滚船等内河、沿海船舶；超大型疏浚船、重物搬运船、海底铺管船、多功能工作船等工程船舶；海洋资源勘探开发和海洋科学考察船；豪华游艇、公务艇、商务艇；新型高性能远洋渔船、玻璃钢渔船等。

船舶制造的关键技术：主流船型优化升级换代技术；少/无压载水船舶、LNG 双燃料/纯气体动力船舶、超大型 LNG 船、超大型集装箱船、冰区船舶、高端疏浚船舶及岛隧特种施工船等船舶关键技术；多体船等新型高性能船舶、新能源辅助动力等新概念船型；降低新船能效设计指数（简称 Energy Efficiercy Design Index，EEDI）的先进技术及评估软件、船舶减阻增效技术及高性能涂料的应用研究、余能回收应用技术、全航程船体线型优化技术、高技术高附加值船舶和海洋工程装备修理改装技术；绿色环保修船技术及低碳化船用设备改造改装。

船舶配套业关键技术：高速柴油机、系列化中速柴油机、小缸径低速柴油机、机舱自动化装置、船舶电站、甲板机械、舱室设备；双燃料发动机、LNG 船用纯气体发动机、节能型大功率低速柴油机等产品及关键零部件；船舶推进系统、船舶供电系统等集成技术；压载水处理装置、高效螺旋桨等新型船用节能环保设备；船用柴油机绿色减排技术、船用设备智能化、模块化技术等基础共性技术。

目前，船舶工业正在开发的重大创新项目有重点实施超大型集装箱船及关键设备、大功率绞吸式疏浚工程船及关键设备、中型豪华游船及关键设备、极地自破冰船舶及关键设备、超级节能环保示范船及关键设备、数字化水池等重大创新项目。

以船型开发为依托，突破设计建造关键技术，开展核心配套设备研制，形成自主研发和建造能力，带动我国高技术船舶总体设计和系统集成技术水平显著提升，这是船舶工业技术发展的战略方针。

2.3.5 消费品机械和军工机械

消费品机械制造企业是为消费品制造业提供装备，这类企业工厂的生产车间主要按工艺分布，并以多品种小批量生产为主。成熟的机械类产品通常已标准化、系列化，并且产品规格比较多。从技术上看，机械制造业经历了三个阶段：刚性自动化、柔性自动化和综合自动化。

消费品机械制造行业的企业由于主要是多品种小批量生产类型，车间通用设备比较多，产品的工艺过程经常变更，零部件较多，车间生产作业的调度与控制比较难。因此，在管理上需要进行周到和比较精细的计划。企业按订单组织生产，由于很难预测订单在什么时候到来，所以针对机械行业的这种生产管理特点，管理系统的解决方案应是以生产制造管理为核心，以用户需求为导向的企业信息化解决方案。我国机械制造业虽然起步较晚，但却随着改革开放的不断深入得到飞速发展，逐渐缩小了与工业发达国家的差距。

目前，消费品机械制造业正在发生以下变化。

① 高科技与机械制造更为紧密地联系在一起，科技创新意识越来越强，措施更加得力，新技术、新工艺、新材料的应用更加自觉。对拥有自主知识产权的核心技术追求更加迫切。

② 消费品机械制造业的经营销售战略要更加精确化，对企业内部系统要求更为严格，服务意识得到强化，服务型企业初见端倪。

③ 消费品机械制造业生产战略日趋科学、合理，从整个行业看，企业关闭、新生此消彼长，重组、整合正在加速，企业转型成为必然。消费品机械制造业正在经历"凤凰涅槃，浴火重生"的过程。

(1) 食品机械行业

食品工业作为朝阳工业，其发展不仅很大程度依赖于先进的加工工艺和优良的食品机械设备的发展，而且食品机械也是食品工业化生产过程的重要保证。应用食品机械既可保证产品质量、增加产量，又能减少原材料的浪费。另外，应用食品机械减少了人与食物的直接接触和病菌传播的机会，有效防止了食物的污染。因此，食品机械在食品工业生产中起着举足轻重的作用。

当今食品机械技术的发展趋势为生产高效化、食品资源高利用化、产品高度节能化和高新技术实用化。在食品机械中已广泛采用的高新技术有机电光液一体化技术、自动化控制技术、膜技术、挤压膨化技术、微波技术、辐照技术以及数字化智能化技术等，从而不断有技术含量高、更人性化的食品机械新产品投放市场。在几十年食品机械的发展中，最明显的变化是产生了机电一体化产品，这些产品不但生产效率高、工艺参数控制稳定、产品质量好，还具有自动保护装置，遇到故障自动停机。现如今机电光液一体化技术、数字化智能化技术、自动化控制技术已贯穿于食品加工各个环节的食品机械中，而其他方面的高新技术只是应用于食品加工过程的某一领域。如膜技术主要用于食品加工的分离环节、辐照技术主要用于杀菌环节、微波技术主要用于杀菌及干燥环节等。

在现代化的食品生产企业中，工艺流程知识已由固定联结的机械、电脑编程控制、机械的额定转速、频率、幅度以及蒸汽的额定温度、压力等自动化机械生产体系所固化。不论是生产节奏、效率，还是产品品质，都由这种固化的自动化体系的正常运转决定，而不是由操作人员的自由裁量决定。甚至每套特殊的设备，都包含着自身独特的食品加工工艺。

(2) 药品包装机械行业

药品包装机械为药品的现代化加工和大批量生产提供了必要的保证。由于药品生产具有特殊性，药品包装从材料到包装方式，从环境要求到标识处理等较之食品包装更为严格，限制条件更为苛刻。这使得药品包装机械发展成为一个相对独立的机械行业。而且药品包装机械对药品包装及包装后的药品质量产生极大影响。因此医药行业的发展离不开药品加工机械和药品包装机械。

药品包装机械一般分为 6 类，分别是粉（粒）剂包装机械、片（丸）剂包装机械、液体药包装机械、黏稠药包装机械、膏状药包装机械、其他如软胶囊包装机械等。目前药品包装机械设备的自动化发展趋势表明，包装自动化不仅局限于运动和逻辑的范围，它还包括了一种对包装和加工生产线进行集成的趋势。因此，全世界的药品包装厂商都在要求包装设备向自动化系统、集成控制和可编程自动控制方向发展。

事实上，自动化包装设备的发展历程已从第 1 代发展到了第 4 代。第 1 代特征为机械自动化，主要由 1 个主电机、齿轮箱、链条等构成，用以传递动力和扭矩。第 2 代特征为基本机械自动化技术和关键运动伺服控制相结合。第 3 代特征为全电子伺服控制，可保持多轴运动精确同步、可变速操作，具有灵活性强、精确度高的特点，应用范围广泛。

其中，第 4 代包装设备的发展趋势如下：

① 具备标准的软硬件，并可扩展。如 MES 系统（Manufacturing Execution System，生产制造执行系统）多用于生产现场，作为 ERP 资源计划系统的执行部分，可以将生产现场的数据反馈到 ERP 系统中完全集成操作。

② 在线集成，进行简化的操作和诊断方法、加工和包装过程的集成。

③ 应用分布式智能技术，提高生产力，提高可靠性和稳定性，并加强通信能力。

因此，同属包装设备范畴的药品包装机械（设备）的发展方向为自动化、高效节能、多元化、智能化。

(3) 军工机械制造业

许多机械制造企业同时承担着军用和民用设备的生产，比如飞机、车辆等，这些企业是竣工机械制造业的主体，还有少数专门从事军事机械装备生产的企业。改革开放初期由于国防科技工业基础能力薄弱、能力不强，许多传统的制造技术还不过关，制造和工艺水平等因素又严重制约着武器装备的研制，因此军工制造业对高精尖数控机床的大量需求刺激了国内机床行业的发展，为建设先进的国防科技工业采购了大量高档数控机床，特别是信息化与工业化为一体的高档数控机床与基础制造装备是实现先进国防科技工业的重要基础。近年来，我国装备制造业发展很快，不但产业的规模快速增长，而且许多关键技术和参数指标都取得了突破性的进展，自主创新和引进消化再创新的能力也显著提升，成功开发研制了一批达到国际先进水平的高档数控机床，不仅满足了国家重点工程的需要，还成为军工核心能力建设的重要支撑。军工企业应用国产数控机床的主动意识，在这几年装备制造业大力发展的带动促进下大大增强，特别是我国生产的中低档数控机床和部分高档数控机床及相应的配套设备都得到了军工企事业单位的认可。

军工制造技术是实现军工产品高性能、高保证、高质量、低成本的重要保障。军工行业的制造装备数控化率和信息化水平始终处于国内领先地位，大多数企业已经广泛通过采用先进适用工艺技术，改造传统工艺和装备，计算机辅助设计（CAD）、计算机辅助工艺规划（CAPP）和计算机辅助制造技术（CAM）等各种数字化管理手段，提高了工艺过程虚拟仿真计算能力，使设备加工效率成倍提高，提升了制造系统的应变能力和全行业制造技术水平。

军工产品具有可靠性高、性能高和科技水平高等诸多特点，军工产品制造企业对于军工产品制造的工艺设计要求相对高，这就导致了工艺设计较为繁琐和复杂的流程，并且对过程中设计的各个小细节的要求更是严格，所以工艺设计的设计周期较长。军工产品所涉及的零部件的数量众多，就大量的零部件群而言，要想实现对这些零部件的控制技术到位是一件极具挑战性和难度的工作，在进行军工产品制造的企业中，企业的人员在组织上显得比较复杂而且范围较广，这在很大程度上使军工产品制造企业所具备的严格专业分工的特点得以有效体现，同时还体现了对于项目严格管理的相关要求和特点。

总体上说，在我国机械制造行业的技术进步方面，自动化、数控技术、机器人等技术的深化应用成为制造业技术进步所追逐的目标。柔性制造技术逐渐深入人心，对各种加工设备的柔性要求也越来越高。

随着信息技术的快速发展和芯片成本的不断降低，在机械制造中大量的数字化技术已广泛采用。

机械制造企业运营方面，由于在机械制造领域新技术、新工艺、新材料不断采用，企业管理水平的提高、运营成本的下降、产品质量的上升促使企业不断开发新的技术和新的材料，提高机械产品性能。在机械制造行业对成本有不断要求降低的趋势，并且要求的交付周期也日益缩短，因此，对企业提出了更高的运营要求。

同时由于技术趋同化，产品差异逐步缩小。机械制造企业纷纷寻求其他方面的竞争差异，提供整个产品生命周期的增值服务，例如，在服务领域实现差异化竞争。随着用户要求的服务越来越多，要求配件供应及时，为了缩短服务半径，出现了专业化服务分工。以往机械制造企业的主要销售模式是自产自销方式，今后将与专业机械代理商结合，提供本地化、专业化的设备安装与维修服务。服务型机械制造企业正在出现。

近20年来，随着经济实力与技术力量的发展，一些中国的机械制造企业开始拥有自己的一些核心技术，产业布局开始向相对完整的产业链方向扩张，逐步实现上下游对接。同时已向发达国家和发展中国家大量输出机械设备及技术。

展望机械制造技术发展趋势，机械制造常以机床设备为代表，其技术的发展也带动其他机械制造领域的发展。

① 各类机床全面数控化　数控技术不仅应用于车、铣、钻、磨和电加工机床，而且各类压力机械、轻工机械、检测工具等也开始使用数控技术。

② 加工过程自动化、柔性化　自动化指加工工艺、过程控制、产品设计与制造和生产管理主要运用计算机辅助完成；柔性化指整个系统包含加工、运储、刀具和夹具管理等部分，可以灵活改变生产对象，分步实施新的工艺流程，不必像已往加工必须重新建立生产线。切削向高速、高精度、高硬度、干切削发展，带动刀具、机床部件、加工理论等方面产生较大的变化。

近年来，随着原材料、人力及融资成本的快速增长和内部人才培养机制的欠缺，中国机械制造业的低成本优势不复存在。中国的机械制造业正进入一个转型期和新的发展瓶颈期。

在近几年的市场需求推动下，虽然机械装备制造整体发展保持增长态势，但从行业结构来看，对外，我国的机械装备制造企业总体依然处于中低端，许多高端领域依然被外商占领；对内，机械装备制造行业已经不再由国有大型企业独占，越来越多的民营企业开始崛起，整个行业的竞争日趋白热化。产品结构复杂、技术创新能力不足，以及制品管理、设备管理要求严苛等诸多行业特质，均成为阻碍我国机械装备制造业发展的关键。

 思考题

1. 简述现代制造业的形成，并结合实例分析我国应该重点发展哪些现代制造业？
2. 现代机械制造企业的生产过程有哪些？
3. 装备制造业主要包含哪几个方面？请分别简述。

第 3 章 机械制造业的发展与前景

教学目标

1. 了解中国机械制造业的发展战略；
2. 了解中国机械制造业转型升级的目标与路径；
3. 了解机械制造业的发展趋势；
4. 了解中国机械工程技术五大发展趋势。

本章重点

中国机械制造业的发展战略和发展趋势。

本章难点

生产型制造业向服务型制造业转型；信息物理系统 CPS。

目前，我国制造业的规模和总量都已进入世界前列，成为全球制造大国，但是发展模式仍比较粗放，技术创新能力薄弱，产品附加值低，总体上大而不强，进一步的发展面临能源、资源和环境等诸多压力。可以预计，未来 20 年，我国制造业仍将保持强劲发展势头，将更加注重提高基础、关键、核心技术的自主创新能力，提高重大装备集成创新能力，提高产品和服务的质量、效益和水平，进一步优化产业结构、转变发展方式、提升全球竞争力，基本实现由制造大国向制造强国的历史性转变。

3.1 中国机械制造业的发展战略

3.1.1 《中国制造 2025》的提出

针对制造业的现状和整个国际国内的经济社会发展、产业变革的大趋势，国务院 2015 年 5 月 8 日颁布了《中国制造 2025》，它是我国当前和今后一段时期制造业的中长期战略发展规划，是我们实现制造强国中国梦的重要举措，也必将成为中国制造业的一个划时代文献。对我们今后从事机械制造行业或从事与制造业相关的工作，了解《中国制造 2025》非常必要。

《中国制造 2025》的总体思路是坚持走中国特色新型工业化道路，以促进制造业创新发展为主题，以提质增效为中心，以加快新一代信息技术与制造业融合为主线，以推进智能制造为主攻方向，以满足经济社会发展和国防建设对重大技术装备需求为目标，强化工业基础能力，提高综合集成水平，完善多层次人才体系，促进产业转型升级，实现制造业由大变强的历史跨越。

3.1.2 战略方针

以促进制造业创新发展为主题，以提质增效为中心，以加快新一代信息技术与制造业深度融合为主线，以推进智能制造为主攻方向，以满足经济社会发展和国防建设对重大技术装备的需求为目标，强化工业基础能力，提高综合集成水平，完善多层次多类型人才培养体系，促进产业转型升级，培育有中国特色的制造文化，实现制造业由大变强的历史跨越。基本方针如下：

① 创新驱动 坚持把创新摆在制造业发展全局的核心位置，完善有利于创新的制度环境，推动跨领域跨行业协同创新，突破一批重点领域关键共性技术，促进制造业数字化网络化智能化，走创新驱动的发展道路。

② 质量为先 坚持把质量作为建设制造强国的生命线，强化企业质量主体责任，加强质量技术攻关、自主品牌培育。建设法规标准体系、质量监管体系、先进质量文化，营造诚信经营的市场环境，走以质取胜的发展道路。

③ 绿色发展 坚持把可持续发展作为建设制造强国的重要着力点，加强节能环保技术、工艺、装备的推广应用，全面推行清洁生产。发展循环经济，提高资源回收利用效率，构建绿色制造体系，走生态文明的发展道路。

④ 结构优化 坚持把结构调整作为建设制造强国的关键环节，大力发展先进制造业，改造提升传统产业，推动生产型制造向服务型制造转变。优化产业空间布局，培育一批具有核心竞争力的产业集群和企业群体，走提质增效的发展道路。

⑤ 人才为本 坚持把人才作为建设制造强国的根本，建立健全科学合理的选人、用人、育人机制，加快培养制造业发展急需的专业技术人才、经营管理人才、技能人才。营造大众创业、万众创新的氛围，建设一支素质优良、结构合理的制造业人才队伍，走人才引领的发展道路。

3.1.3 战略目标

《中国制造2025》制定了我国制造业发展的战略目标：立足国情，立足现实，力争通过"三步走"实现制造强国的战略目标。

第一步：力争用十年时间，迈入制造强国行列。

到2020年，基本实现工业化，制造业大国地位进一步巩固，制造业信息化水平大幅提升。掌握一批重点领域关键核心技术，优势领域竞争力进一步增强，产品质量有较大提高。制造业数字化、网络化、智能化取得明显进展。重点行业单位工业增加值能耗、物耗及污染物排放明显下降。

到2025年，制造业整体素质大幅提升，创新能力显著增强，全员劳动生产率明显提高，两化（工业化和信息化）融合迈上新台阶。重点行业单位工业增加值能耗、物耗及污染物排放达到世界先进水平。形成一批具有较强国际竞争力的跨国公司和产业集群，在全球产业分工和价值链中的地位明显提升。

第二步：到2035年，我国制造业整体达到世界制造强国阵营中等水平。创新能力大幅提升，重点领域发展取得重大突破，整体竞争力明显增强，优势行业形成全球创新引领能力，全面实现工业化。

第三步：新中国成立一百年时，制造业大国地位更加巩固，综合实力进入世界制造强国前列。制造业主要领域具有创新引领能力和明显竞争优势，建成全球领先的技术体系和产业体系。

制造强国的特征：我国作为一个人口大国，要建设制造强国，就要促进制造业实现又大又强。制造强国应具备以下四个主要特征。

一是雄厚的产业规模，表现为产业规模较大、具有成熟健全的现代产业体系、在全球制造业中占有相当比重。

二是优化的产业结构，表现为产业结构优化、基础产业和装备制造业水平高、战略性新兴产业比重高、拥有众多实力雄厚的跨国企业及一大批充满生机活力的中小型创新企业。

三是良好的质量效益，表现为生产技术领先、产品质量优良、劳动生产率高、占据价值链高端环节。

四是持续的发展潜力，表现为自主创新能力强、科技引领能力逐步增长，能实现绿色可持续发展，具有良好的信息化水平。

制造业综合指数：根据制造强国特征，周济院士等专家提出了一个由 4 项一级指标、18 项二级指标构成的制造业评价体系（表 3-1），并对未来 30～40 年我国制造业综合指数发展趋势作出了预测，如图 3-1 所示。

表 3-1 制造业评价体系

一级指标	二级指标	权重
规模发展	国民人均制造业增加值	0.128
	制造业出口占全球出口总额比重	0.066
质量效益	制造业质量水平	0.043
	一国制造业拥有世界知名品牌数	0.099
	制造业增加值率	0.035
	制造业全员劳动生产率	0.089
	高技术产品贸易竞争优势指数	0.068
	销售利润率	0.025
结构优化	基础产业增加值占全球比重	0.083
	全球 500 强中一国制造业企业营业收入总额	0.068
	装备制造业增加值占制造业增加值比重	0.051
	标志性产业的产业集中度	0.008
持续发展	单位制造业增加值的全球发明专利授权量	0.082
	制造业研发投入强度	0.039
	制造业研发人员占从业人员比重	0.013
	单位制造业增加值能耗	0.074
	工业固体废物综合利用率	0.011
	网络就绪指数（NRI 指数）	0.009

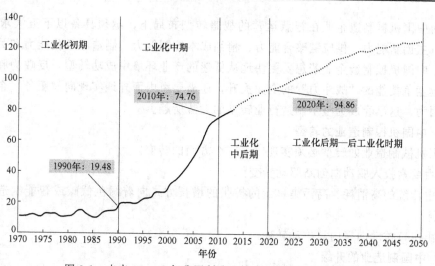

图 3-1 未来 30～40 年我国制造业综合指数发展趋势预测

3.1.4 战略任务

《中国制造 2025》提出九大战略任务和十大重点领域，具体如下。

(1) 九大战略任务

① 提高国家制造业创新能力。

② 推进信息化与工业化深度融合（"两化"融合）。

③ 强化工业基础能力。

④ 加强质量品牌建设。

⑤ 全面推行绿色制造。

⑥ 大力推动重点领域突破发展（十大重点领域）。

⑦ 深入推进制造业结构调整。

⑧ 积极发展服务型制造和生产性服务业。

⑨ 提高制造业国际化发展水平。

(2) 十大重点领域

① 新一代信息技术产业。

② 高档数控机床和机器人。

③ 航空航天装备。

④ 海洋工程装备及高技术船舶。

⑤ 先进轨道交通装备。

⑥ 节能与新能源汽车。

⑦ 电力装备。

⑧ 农机装备。

⑨ 新材料。

⑩ 生物医药及高性能医疗器械。

3.2 中国制造业的转型升级

当前中国机械制造企业在智慧运营的战略转型布局下，亟须具备以下五大求生基础技能——自主创新能力、供应链整合能力、精细成本控制能力、制造服务化能力和关键过程制造能力。中国机械制造企业若想要更快地从低迷的产业环境中成功转型，反败为胜，不仅要依靠关键竞争技能的"战斗力"的全面提升，还需要由内而外地实现向"服务"企业的彻底转型。因为，这已经成为整个制造行业转型的大势所趋。

(1) 中国机械制造业的转型

中国机械制造业的转型必须实现以下三个方面的转变。

① 由要素投入驱动向创新驱动转变。

② 由传统的高消耗、高污染、量的扩张的增长方式向着绿色低碳或智能制造、服务型制造转变。

③ 由出口拉动向着内需拉动转变。

(2) 中国制造业的升级

中国制造业的升级必须实现制造业产业结构整体优化，即布局结构、组织结构、产品结构、技术结构、行业结构的整体优化。

（3）我国机械制造业转型升级的路径

① 生产型制造向着服务型制造转变。生产型制造业向服务型制造业转型，其经营活动的延伸如图3-2所示，即从传统的机械产品制造的生产活动向服务型制造业的经营内容延伸。

② 制造信息化要实现"两化"深度融合。

③ 从模仿抄袭向自主创新转变。

④ 从低端产品生产向高端装备制造迈进。

⑤ 由产业集聚向产业集群发展。

⑥ 改变粗放管理，实现精益管理。

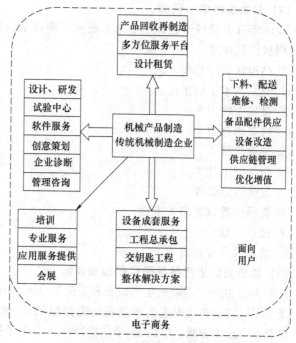

图 3-2 生产型制造业向服务型制造业转型经营活动延伸示意图

3.3 机械制造业的发展趋势

3.3.1 世界未来机械制造业的发展趋势预测

世界发达国家都对未来机械制造业的发展趋势有所预测和引导。

（1）美国机械工程师学会预测

到2028年，机械工程的战略主题是：开发新技术，以应对能源、环境、食品、住房、水资源、交通、安全和健康等挑战；创造全球性的可持续发展解决方案，满足全人类的基本需要；促进全球合作和地区适用技术的开发；使实践者体会到为了改善人类生活而发现、创新和应用工程技术方案的乐趣。

美国国家科学研究委员会（National Research Council）在《2020年制造业挑战的展望》中提出以下优先发展技术。

① 可重组制造系统。

② 无废弃物制造。

③ 新材料工艺（纳米加工及先进净成形工艺）。

④ 用于制造的生物技术。

⑤ 企业建模与仿真。

⑥ 信息技术。

⑦ 产品与工艺设计方法。

⑧ 强化机器与人的界面。

⑨ 人员教育与培训。

(2) 日本机械学会预测

2008 年日本机械学会预测了未来机械工程技术的发展，提出了未来 20 年将重点发展的 10 项机械工程技术。

① 高温热流冷却技术。

② 热泵热水供应系统。

③ 微纳生物力学。

④ 汽车燃料效率。

⑤ 工业机器人。

⑥ 微纳加工技术。

⑦ 发动机热效率。

⑧ 能源设备效率与发电量。

⑨ 设计工程。

⑩ 动态现象分析技术。

(3) 欧盟先进生产装备研究路线图预测

2006 年，欧盟"创新的生产设备和系统"（Innovative Production Machines and System）项目组发表了研究报告《先进生产装备研究路线图》，预测了先进机床和系统 2010—2030 年发展，涉及 6 个技术领域，包括 24 个使能特性、42 个子技术领域。其中 6 个技术领域如下：

① 高速及快速响应制造技术。

② 快速制造技术（RM）。

③ 精细加工技术。

④ 可重构制造技术。

⑤ 可持续制造技术。

⑥ 下一代材料加工技术。

瑞士开发的世界上首个具有肌肉和骨骼的机器人如图 3-3 所示。

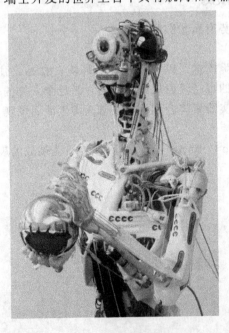

图 3-3　瑞士开发的世界上首个具有肌肉和骨骼的机器人

3.3.2 德国"工业4.0"简介

"工业4.0"概念即是以智能制造为主导的第四次工业革命。在2013年4月的汉诺威工业博览会上首次发布《实施"工业4.0"战略建议书》，"工业4.0"的概念正式公布，德国政府确定"工业4.0"作为面向2020年的国家战略。2013年12月19日，德国电气电子和信息技术协会发布德国"工业4.0"标准化路线图。图3-4为从工业1.0到工业4.0的示意图。

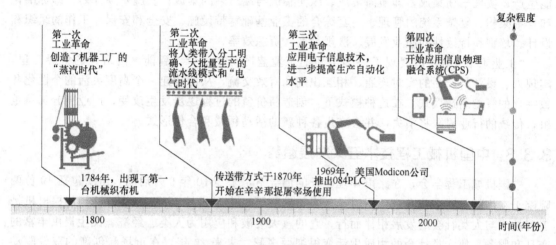

图3-4 从工业1.0到工业4.0

建议书称，在制造领域，这种资源、信息、物品和人相互关联的"虚拟网络——信息物理系统（Cyber-Physical System，简称CPS）"可以被定义为工业4.0。如图3-5所示，CPS包括智能机器、存储系统和生产设施，从入厂到出厂，整合整个制造和物流过程，实现数字化和基于信息技术的端对端集成。

工业4.0作为德国国家战略，旨在充分利用信息通信技术和CPS相结合的手段，将制造业向智能化转型。提倡以生产高度数字化、网络化、机器自组织为标志的第四次工业革命。工业4.0的愿景：根据整个价值链，自行配置集成化生产设施；根据现实条件，灵活配置生产工艺；将要生产的产品包含了生产所需的全部信息。工业4.0不仅是传统互联网在工业领域的延伸，而且开启了人物相连、物物相连的世界。

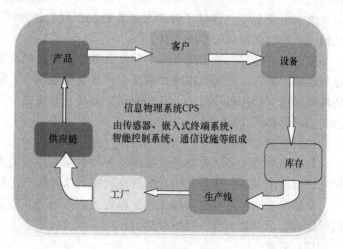

图3-5 信息物理系统

① 制造业中所有参与者及资源的高度社会技术互动。制造资源网络以及自我管理，自我配置；智能工厂将被纳入公司内部价值网络，制造过程和制造产品的端对端工程；实现数字和物理世界的无缝衔接。

② 智能产品可明确识别，自身制造流程的所有细节均可被控，可进行半自主生产。成品了解自身发挥最优性能的参数，并辨别生命周期中发生磨损和毁坏的标记。

③ 将个人客户和产品的独特特性融入到设计、配置、订购、计划、生产、运营和回收阶段。使生产一件定制产品和小批量产品也能产生利润。

④ 将使员工能根据具体情况进行控制、监管和配置智能制造资源网络和制造步骤。员工再也无需完成例行任务，他们可以更多地关注创新和具有附加值的活动。

工业 4.0 的战略要点包括：建设一个网络，即 CPS；研究两大主题，即智能工厂和智能生产；实现三项集成，即横向集成、纵向集成与端对端的集成；实施八项计划，即标准化和参考架构、复杂系统的管理、一套综合的工业基础宽带设施、安全和安保、工作的组织和设计、培训和持续性的职业发展、法规制度、资源效率。

"工业 4.0"为我们展现了一幅全新的工业蓝图：在一个"智能、网络化的世界"里，实现人、设备与产品的实时连通、相互识别和有效交流，从而构建一个高度灵活的个性化和数字化的智能制造模式。在这种模式下，创造新价值的过程逐步发生改变，产业链分工将重组，传统的行业界限将消失，并会产生各种新的活动领域和合作形式。

3.3.3 中国机械工程技术五大发展趋势

中国机械工程学会，在路甬祥理事长的倡导下，于 2010 年 9 月启动，组织包括 19 位两院院士在内的 100 多位专家，历时一年多，编写了《中国机械工程技术路线图》，提出机械工程技术与人类社会的发展相伴而行，它的重大突破和应用为人类、经济、民生提供丰富的产品和服务，使人类社会的物质生活变得绚丽多彩。未来 20 年，在市场和创新的双轮驱动下，中国机械工程技术的发展方向可归纳为绿色、智能、超常、融合和服务。

(1) 绿色

保护地球环境，保持社会可持续发展已成为世界各国共同关心的议题，也是我国经济社会健康发展的需要。我国机械工业单位产品综合能耗与工业发达国家相比存在很大差距，尤其是热加工工艺明显滞后，我国每吨铸件能耗比国际先进水平高 80%；每吨锻件能耗比国际先进水平高 70%；每吨工件热处理能耗比国际先进水平高 47%，因此，绿色制造是我国机械工业可持续发展的必由之路。

绿色制造是综合考虑环境影响和资源效益的现代制造模式，其目标是产品从设计、制造包装运输、销售、使用到报废处理整个产品生命周期中，废弃资源和有害排放物最少，即对环境的影响（副作用）最小，资源利用率最高，并使企业经济效益和社会效益协调优化。绿色制造过程如图 3-6 所示。

(2) 智能

智能制造技术是研究制造活动中的各种数据与信息的感知与分析，经验与知识的表示与学习以及基于数据、信息、知识的智能决策与执行的一门综合交叉技术。

智能制造技术具有五大特征：自律能力、人机交互能力、建模与仿真能力、可重构与自组织能力、学习能力与自我维护能力。

(3) 超常

超常制造技术又称极端制造，是指制造活动中，极小、极大尺度的制造，或在超常制造外场中物质的演变的过程实现，以及超常态环境与制造受体的交互机制实现。

超常制造技术发展方向主要包括巨系统制造、微纳制造、超精密制造、超高性能产品制造、超常成形工艺等。

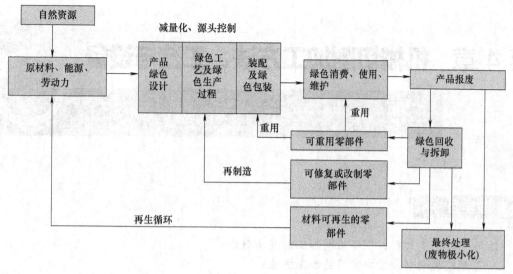

图 3-6 绿色制造过程

（4）融合

在未来机械工业的发展中，将更多地融入各种高技术和新理念，从而使机械工程技术发生质的变化。就目前可预见到的而言，主要表现在工艺融合、与信息技术融合、与新材料融合、与生物技术融合、与纳米技术融合、文化融合等方面。

（5）服务

未来 20 年，将是我国的机械工业由生产型制造向服务型制造转变的时期。发达国家早已完成这个转变。服务型制造服务的机械工程技术将呈现三大转变：服务由局域扩展到全球、服务由离线转向在线、服务由被动转为主动。服务型制造服务的机械工程技术将具有三大特点，即知识性、集成性、战略性。

我们正处在一个变革的时代，当今世界，科学技术日新月异，科技创新精彩纷呈，一场以信息、能源、材料、生物和节能环保技术为代表的科技革命和产业革命正在我们身边悄然发生，无时无刻不在影响和改变我们的工作和生活方式。今后的一二十年，世界科技和产业格局将发生重大变化，从而为中华民族实现伟大复兴提供难得的历史机遇。我们每一个从事与机械制造行业相关的人，需要坚持不懈地为我国的机械制造行业奋斗，从而使我国的工程技术跻身于世界前列。我们有一份荣耀，有一份担当。

思考题

1. 什么是"工业 4.0"？工业 4.0 的战略要点是什么？
2. 中国机械工程技术的发展趋势是什么？
3. 简述绿色制造的定义、目标及意义。

第 4 章 机械切削加工方法、工艺与设备

▶ **教学目标**

1. 认识什么是切削，了解切削加工的基本概念；
2. 了解机械切削加工中常用的加工方法；
3. 了解各种主要加工方法中使用的相关机床和刀具。

▶ **本章重点**

车削加工、铣削加工、孔加工、齿轮加工。

▶ **本章难点**

切削机理。

4.1 切削概述

切削加工是利用切削工具（包括刀具、磨具和磨料）把坯料或工件上多余的材料层切去成为切屑，使工件获得规定的几何形状、尺寸和表面质量的加工方法。切削加工是机械制造中最主要的加工方法，它在国民经济中占有非常重要的地位。

任何切削加工都必须具备 3 个基本条件：切削工具、工件和切削运动。其中，切削工具称为刀具，一般采用硬度较高的材料制成，具有锋利的切削刃。按照不同的刃口形式和刀刃数量，切削加工又可以分为车削、铣削、钻削、镗削、刨削、拉削、磨削等。这些不同类型的加工方法可以实现金属材料及塑料、玻璃等非金属材料的产品制作。现代的金属切削加工及其刀具，也是由当时具有世界领先地位的中国古代切削加工、原始带刃工具和兵器发展演变而来的。

4.1.1 古代的切削加工

在切削加工和金属切削加工方面，我国有着悠久的历史。原始社会时期，人类已经可以根据不同的加工对象和需要，制作形状和用途各异的带刃石器，完成最早的切削加工过程。此时，一个切削加工过程已经具备了 3 个基本要素：刀具（石制工具）、被加工对象（生产或生活用品）、切削运动（手持刀具与被加工对象，同时给予一定的力和运动方向）。

从青铜器时代开始，就出现了金属切削加工的萌芽。商代到春秋时期，已经有了相当发达的青铜冶铸业，出现了各种青铜工具，这些青铜刀具的结构和形状，已经类似于现代的切

削工具。加工对象已经不限于非金属材料，而包括了金、银、铜等金属材料。商代制作的铁刃铜钺，其铁刃采用陨铁制成，除了基体铁之外，含有碳、镍、铜、锡、铝、钴等元素。这说明当时已经认识到刀具切削刃的重要作用，认识到刀刃和刀体可以分别采用不同的材质，刀刃取稀缺、贵重的坚硬材料，刀体取价格较低但韧性较好的材料。这种思想认识至今对现代的切削加工和切削刀具仍有指导意义。春秋战国时期，我国发明了生铁冶铸造技术，比西欧早1800年以上，渗碳、淬火和炼钢技术的发明，为制造坚硬锋利的工具提供了有利的条件。而出土的一些汉唐时期的文物器具，其表面有明显的车削痕迹。由此推测，我国最晚在8世纪时，就已经有了原始的金属切削车床。明代张自烈所著《正字通》中总结了前人的经验，对"刀""刃""切""挤"等不同的事物和作用，都写出了明确的含义。指出："刀为体，刃为用，利而后能载物，古谓之芒"，以及"刃从坚则钝，坚非刃本义也"。由此说明古人十分强调刀刃的重要性，合理描述了刀刃"利"与"坚"的关系，对切削原理有了一些朴素的唯物辩证的认识。从以上可以看出，我国古代在切削加工和金属切削加工方面有着非常大的成就。

4.1.2 切削加工的分类

金属材料的切削加工有许多分类方法。常见的有以下3种。

(1) 按工艺特征区分

切削加工的工艺特征决定于切削工具的结构以及切削工具与工件的相对运动形式。按工艺特征，切削加工一般可分为车削、铣削、钻削、镗削、铰削、刨削、插削、拉削、磨削、研磨、珩磨、抛光、齿轮加工、蜗轮加工、螺纹加工、超精密加工、钳工和刮削等。

(2) 按切除率和精度区分

① 粗加工　用大的切削深度，经一次或少数几次走刀从工件上切去大部分或全部加工余量，如粗车、粗刨、粗铣、钻削和锯切等，粗加工加工效率高而加工精度较低，一般用作预先加工，有时也可作最终加工。

② 半精加工　一般作为粗加工与精加工之间的中间工序，但对工件上精度和表面粗糙度要求不高的部位，也可以作为最终加工。

③ 精加工　用精细切削的方式使加工表面达到较高的精度和表面质量，如精车、精刨、精铰、精磨等。精加工一般是最终加工。

④ 精整加工　在精加工后进行，其目的是为了获得更小的表面粗糙度，并稍微提高精度。精整加工的加工余量小，如珩磨、研磨、超精磨削等。

⑤ 修饰加工　目的是为了减小表面粗糙度，以提高防蚀、防尘性能和改善外观，而并不要求提高精度，如抛光等。

⑥ 超精密加工　航天、激光、电子、核能等尖端技术领域中需要某些特别精密的零件，其精度高达IT4以上，表面粗糙度不大于$Ra0.01\mu m$。这就需要采取特殊措施进行超精密加工，如镜面车削、镜面磨削、软磨粒机械化学抛光等。

(3) 按表面形成方法区分

切削加工时，工件的已加工表面是依靠切削工具和工件作相对运动来获得的。根据表面形成方法，切削加工可分为3类。

① 刀尖轨迹法　依靠刀尖相对于工件表面的运动轨迹来获得工件所要求的表面几何形状，如车削外圆、刨削平面、磨削外圆等。刀尖的运动轨迹取决于机床所提供的切削工具与工件的相对运动。

② 成形刀具法　简称成形法，用与工件的最终表面轮廓相匹配的成形刀具或成形砂轮等加工出成形面。此时机床的部分成形运动被刀刃的几何形状所代替，如成形车削、成形铣

削等。由于成形刀具的制造比较困难，机床—夹具—工件—刀具所形成的工艺系统所能承受的切削力有限，成形法一般只用于加工短的成形面。

③ 展成法　加工时切削工具与工件作相对展成运动，刀具（或砂轮）和工件的瞬心线相互作纯滚动，两者之间保持确定的速比关系，所获得加工表面就是刀刃在这种运动中的包络面。齿轮加工中的滚齿、插齿、剃齿、珩齿和磨齿（不包括成形磨齿）等均属展成法加工。

4.1.3　切削加工的基本概念

（1）切削运动与切削中的工件表面

用刀具切除工件材料，刀具和工件之间必须要有一定的相对运动，该相对运动由主运动和进给运动组成。

主运动是使刀具和工件产生主要相对运动以进行切削的运动（其速度称为切削速度 v_c）。这个运动的速度最高，消耗的功率最大。例如：外圆车削时工件的旋转运动和平面刨削时刀具的直线往复运动都是主运动。金属切削加工中主运动通常只有一个。

进给运动是使切削能持续进行以形成所需工件表面的运动（其速度称为进给速度 v_f）。主运动和进给运动合成后的运动，称为合成切削运动（合成切削速度 v_e）。常见机床的切削运动如下：

车床主运动：主轴旋转。

车床进给运动：车刀纵向、横向移动，如图 4-1 所示。

钻床主运动：钻头旋转。

钻床进给运动：钻头轴向移动，如图 4-2 所示。

铣床主运动：铣刀旋转。

铣床进给运动：工件纵向、横向、垂直（刀具）移动，如图 4-3 所示。

镗床主运动：镗刀旋转。

镗床进给运动：镗刀轴向移动、工件轴向移动，如图 4-4 所示。

图 4-1　车床运动　　　图 4-2　钻床运动　　　图 4-3　铣床运动　　　图 4-4　镗床运动

图 4-5　外圆磨床运动

外圆磨床主运动：砂轮旋转。

外圆磨床进给运动：工件旋转、工件往复或砂轮横向移动，如图 4-5 所示。

在切削过程中，工件上有以下三个变化着的表面，如图 4-6 所示：

待加工表面：工件上即将被切除的表面。

已加工表面：切去材料后形成的新的工件表面。

过渡表面：加工时主切削刃正在切削的表面，它处于已加工表面和待加工表面之间。

（2）切削用量三要素

切削用量是指切削速度 v_c、进给量 f（或进给速度 v_f）和背吃刀量 a_p。三者又称为切削用量三要素。

① 切削速度 v_c

切削刃相对于工件的主运动速度称为切削速度。计算切削速度时，应选取刀刃上速度最高的点进行计算。主运动为旋转运动时，切削速度由下式确定

$$v_c = \frac{\pi d n}{1000}$$

式中　d——工件（或刀具）的最大直径，mm；

　　　n——工件（或刀具）的转速，r/s 或 r/min。

在当前生产中，磨削速度单位用 m/s，其他加工的切削速度单位习惯采用 m/min。

② 进给量 f

工件或刀具转一周（或每往复一次），两者在进给运动方向上的相对位移量称为进给量，其单位是 mm/r（或 mm/双行程）。对于铣刀、铰刀、拉刀等多齿刀具，还规定每刀齿进给量为 f_z，其单位是 mm/z。进给速度、进给量和每齿进给量之间的关系为

$$v_f = nf = nzf_z$$

刨削、插削等主运动为往复直线运动的加工，可以不规定进给速度，但要规定间歇进给的进给量。

③ 背吃刀量 a_p

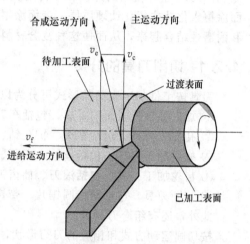

图 4-6　刀具工作表面

刀具切削刃与工件的接触长度在同时垂直于主运动和进给运动的方向上的投影值称为背吃刀量，单位为 mm。外圆车削的背吃刀量就是工件已加工表面和待加工表面间的垂直距离，即

$$a_p = \frac{d_w - d_m}{2}$$

式中　d_w——工件上待加工表面直径，mm；

　　　d_m——工件上已加工表面直径，mm。

4.2　切削刀具概述

切削工具是机械制造中用于切削加工的刀具，由于机械制造中使用的刀具基本上都用于切削金属材料，所以"刀具"一词一般理解为金属切削刀具。

刀具的发展在人类进步的历史上占有重要的地位。中国早在公元前28—前20世纪，就已出现黄铜锥和紫铜的锥、钻、刀等铜质刀具。战国后期（公元前三世纪），由于掌握了渗碳技术，制成了铜质刀具。当时的钻头和锯，与现代的扁钻和锯已有些相似之处。

然而，刀具的快速发展是在18世纪后期，伴随蒸汽机等机器的发展而来的。1783年，法国的勒内首先制出铣刀。1792年，英国的莫兹利制出丝锥和板牙。有关麻花钻的发明最早的文献记载是在1822年，但直到1864年才作为商品生产。此时的刀具是用整体高碳工具钢制造的，许用的切削速度约为5m/min。1868年，英国的穆舍特制成含钨的合金工具钢。1898年，美国的泰勒和怀特发明高速工具钢。1923年，德国的施勒特尔发明硬质合金。在采用合金工具钢时，刀具的切削速度提高到约8m/min，采用高速钢时，又提高两倍以上，到采用硬质合金时，又比用高速钢提高两倍以上，切削加工出的工件表面质量和尺寸精度也

大大提高。

由于高速钢和硬质合金的价格比较昂贵，刀具出现焊接和机械夹固式结构。1949—1950年间，美国开始在车刀上采用可转位刀片，不久即应用在铣刀和其他刀具上。1938年，德国德古萨公司取得关于陶瓷刀具的专利。1972年，美国通用电气公司生产了聚晶人造金刚石和聚晶立方氮化硼刀片。这些非金属刀具材料可使刀具以更高的速度切削。

1969年，瑞典山特维克钢厂取得用化学气相沉积法，生产碳化钛涂层硬质合金刀片的专利。1972年，美国的邦沙和拉古兰发展了物理气相沉积法，在硬质合金或高速钢刀具表面涂覆碳化钛或氮化钛硬质层。表面涂层方法把基体材料的高强度和韧性，与表层的高硬度和耐磨性结合起来，从而使这种复合材料具有更好的切削性能。

4.2.1 切削刀具的分类

刀具按工件加工表面的形式可分为以下五类。

① 加工各种外表面的刀具，包括车刀、刨刀、铣刀、外表面拉刀和锉刀等。

② 孔加工刀具，包括钻头、扩孔钻、镗刀、铰刀和内表面拉刀等。

③ 螺纹加工刀具，包括丝锥、板牙、自动开合螺纹切头、螺纹车刀和螺纹铣刀等。

④ 齿轮加工刀具，包括滚刀、插齿刀、剃齿刀、锥齿轮加工刀具等。

⑤ 切断刀具，包括镶齿圆锯片、带锯、弓锯、切断车刀和锯片铣刀等。

此外，还有组合刀具。

按切削运动方式和相应的刀刃形状，刀具又可分为以下三类。

① 通用刀具，如车刀、刨刀、铣刀（不包括成形的车刀、成形刨刀和成形铣刀）、镗刀、钻头、扩孔钻、铰刀和锯等。

② 成形刀具，这类刀具的刀刃具有与被加工工件断面相同或接近相同的形状，如成形车刀、成形刨刀、成形铣刀、拉刀、圆锥铰刀和各种螺纹加工刀具等。

③ 展成刀具是用展成法加工齿轮的齿面或类似的工件，如滚刀、插齿刀、剃齿刀、锥齿轮刨刀和锥齿轮铣刀盘等。

4.2.2 刀具的结构

金属切削刀具的种类虽然很多，但它们切削部分的几何形状与参数都有着共性，国际标准化组织（ISO）以车刀切削部分为基础，确定金属切削刀具工作部分几何形状的一般术语。

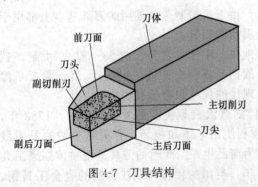

图 4-7 刀具结构

(1) 刀具切削部分的结构

刀具上承担切削工作的部分称为刀具的切削部分，如图 4-7 所示。

① 前刀面 A_γ：切屑沿其流出的刀具表面。

② 主后刀面 A_α：与工件上过渡表面相对的刀具表面。

③ 副后刀面 A'_α：与工件上已加工表面相对的刀具表面。

④ 主切削刃 S：前刀面与主后刀面的交线，它承担主要切削工作，也称为主刀刃。

⑤ 副切削刃 S'：前刀面与副后刀面的交线，它协同主切削刃完成切削工作，并最终形成已加工表面，也称为副刀刃。

⑥ 刀尖：连接主切削刃和副切削刃的一段刀刃，它可以是一段小的圆弧，也可以是一段直线。

（2）刀具角度标注的参考系

刀具要从工件上切除材料，就必须具有一定的切削角度。切削角度决定了刀具切削部分各表面之间的相对位置。要确定金属切削刀具的刀面和刀刃的位置，首先必须建立参考系。每一段刀刃都可采用其上的一点（选定点）作参考系原点，再依据切削运动的方向来建立角度标注的参考系。切削运动的方向应按照刀具所处的状态来确认。

当刀具在工作时，可以依据实际的合成切削运动方向、进给运动方向和刀具的安装位置来确认，这样建立的参考系就是刀具的工作参考系。但是，在设计、绘制和制造刀具时，刀具尚处于静止状态，这时可以比照刀具实际工作时的主运动方向、进给运动方向和刀具的安装位置建立假定条件的参考系，这就是刀具的静止参考系。因此，刀具角度分两类：在静止参考系内的称为刀具的静态角度，也叫做标注角度，是标注在刀具的设计图上的刀具角度；而考虑刀具实际工作状况的称为刀具的工作角度。

① 刀具标注角度参考系

为了确定和测量刀具的角度，必须引入一个由三个参考平面组成的空间坐标参考系。组成刀具标注角度参考系的各参考平面定义如下：

a. 基面 p_r：通过主切削刃上某一指定点，并与该点切削速度方向相垂直的平面。

b. 切削平面 p_s：通过主切削刃上某一指定点，与主切削刃相切并垂直于该点基面的平面。

c. 正交平面 p_o：通过主切削刃上某一指定点，同时垂直于该点基面和切削平面的平面。

根据定义可知，上述三个参考平面是互相垂直的，由它们组成的刀具标注角度参考系称为正交平面参考系，如图 4-8 所示。

除正交平面参考系外，常用的标注刀具角度的参考系还有法平面参考系、背平面和假定工作平面参考系。

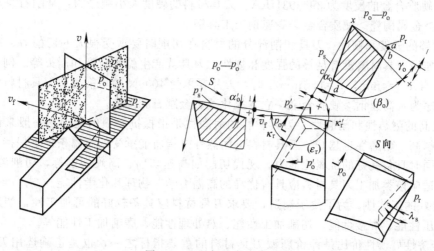

图 4-8　刀具标注角度参考系

② 刀具的标注角度

在刀具标注角度参考系中测得的角度称为刀具的标注角度。标注角度应标注在刀具的设计图中，用于刀具制造、刃磨和测量。在正交平面参考系中，刀具的主要标注角度有 5 个，如图 4-8 所示，其定义如下。

前角 γ_o：在正交平面内测量的前刀面和基面间的夹角。前刀面在基面之下时前角为正值，前刀面在基面之上时前角为负值。

后角 α_o：在正交平面内测量的主后刀面与切削平面的夹角，一般为正值。

主偏角 κ_r：在基面内测量的主切削刃在基面上的投影与进给运动方向的夹角。

副偏角 κ_r'：在基面内测量的副切削刃在基面上的投影与进给运动反方向的夹角。

刃倾角 λ_s：在切削平面内测量的主切削刃与基面之间的夹角。在主切削刃上，刀尖为最高点时刃倾角为正值，刀尖为最低点时刃倾角为负值。主切削刃与基面平行时，刃倾角为零。

要完全确定车刀切削部分所有表面的空间位置，还需标注副后角 α_o'，副后角确定副后刀面的空间位置。

4.2.3　刀具材料

刀具切削性能的优劣首先取决于刀具材料。合理选择刀具材料是刀具制造的第一步，也是决定刀具使用性能的先决条件。根据具体的刀具品种，结合具体的加工对象来选择合适的刀具材料，同时又根据已知刀具材料的性能选择合适的切削参数，这样才能获得最佳的切削效果。

现代刀具材料已从过去的工具钢、高速钢，发展到现在的硬质合金、高性能陶瓷、超硬材料等，耐热温度已由 $500 \sim 600℃$ 提高到 $1200℃$ 以上，允许的切削速度已超过 $1000 \mathrm{m/min}$，切削加工效率在不到 100 年内提高了 100 多倍。

(1) 金属切削刀具材料的性能要求

金属切削过程中，刀具切削部分是在高温、高压、摩擦、冲击和振动等恶劣条件下工作的。从刀具使用寿命来看，对刀具材料性能的要求主要是耐磨性、强韧性、高温红硬性等。

① 足够的硬度　刀具材料的硬度必须高于被加工材料的硬度，否则在高温、高压下，就不能保持刀具正确的几何形状。例如碳素工具钢的硬度为 62HRC；高速钢的硬度为 63 ~ 70HRC；硬质合金的硬度为 89 ~ 93HRA。刀具材料的硬度大小顺序为：金刚石 > 立方氮化硼 > 陶瓷 > 金属陶瓷 > 硬质合金 > 高速钢 > 工具钢。

② 足够的强度和韧性　刀具切削部分的材料在切削时要承受很大的切削力、冲击力和振动等，如果刀具材料没有足够的强度和韧性，刀具就产生脆性断裂和崩刃等。例如，车削 45 钢时，当 $a_p = 4\mathrm{mm}$，$f = 0.5\mathrm{mm/r}$ 时，刀片要承受 4000N 的切削力。刀具材料的抗弯强度大小顺序为：高速钢 > 硬质合金 > 立方氮化硼、金刚石和陶瓷。

③ 较高的耐热性和耐磨性　刀具材料的耐磨性是指抵抗磨损的能力。一般来说，刀具材料硬度越高，耐磨性也越好。刀具材料的耐热性是指所能承受的高温条件下保持切削性能的能力，同时具备良好的抗氧化能力。现代切削如高速切削、高硬切削等，切削温度很高，因此，为适应该类加工刀具材料应具有优异的高温力学、物理和化学性能。

④ 良好的工艺性　为了便于制造，要求刀具材料应具备较好的可加工性，如压制成形性能、锻压性能、焊接性能、切削加工性能、热处理性能、磨削加工性能等。

⑤ 经济性好　性价比是评价新型刀具材料的重要指标之一，也是正确选用刀具材料、降低加工成本的重要依据之一。

(2) 常用刀具材料

目前应用较多的刀具材料有工具钢、高速钢、硬质合金、陶瓷、立方氮化硼和金刚石等。在一般生产中所用的刀具材料主要是高速钢和硬质合金两类。碳素工具钢、合金工具钢因耐热性差，仅用于手工或切削速度较低的刀具。

① 高速钢

高速钢是加入了较多的钨（W）、钼（Mo）、铬（Cr）、钒（V）等合金元素的高合金工具钢。高速钢具有较高的硬度（62～70HRC）和耐热性，在切削温度高达 500～650℃时仍能进行切削；高速钢的强度高（抗弯强度是一般硬质合金的 2～3 倍，陶瓷的 5～6 倍），韧性好，可在有冲击、振动的场合应用；它可以用于加工有色金属、结构钢、铸铁、高温合金等范围广泛的材料。高速钢的制造工艺性好，容易磨出锋利的切削刃，适于制造各类刀具，尤其适于制造钻头、拉刀、成形刀具、齿轮刀具等形状复杂的刀具。

② 硬质合金

硬质合金是用高硬度、难熔的金属碳化物（WC、TIC 等）和金属黏结剂（CO、Ni 等）在高温条件下烧结而成的粉末冶金制品。硬质合金的常温硬度达 89～93HRA，760℃时其硬度为 77～85HRA，在 800～1000℃时硬质合金还能进行切削，刀具寿命比高速钢刀具高几倍到几十倍，可加工包括淬硬钢在内的多种材料。与高速钢相比，允许的切削速度比高速钢提高 4～7 倍。但硬质合金的强度和韧性比高速钢差，常温下的冲击韧性仅为高速钢的 1/8～1/30，因此，硬质合金承受切削振动和冲击的能力较差。硬质合金是最常用的刀具材料之一，是数控加工刀具的主导产品。目前各工具行业不断扩大各种整体式和可转位式硬质合金刀具或刀片的生产，其品种已经扩展到各种切削刀具领域，其中可转位硬质合金刀具由简单的车刀、面铣刀扩大到各种精密、复杂、成形刀具领域。铰刀、立铣刀、加工硬齿面的中、大模数齿轮刀具等复杂刀具使用硬质合金材料也日益扩大。

ISO（国际标准化组织）把切削用硬质合金分为三类：P 类、K 类和 M 类。

P 类（相当于我国 YT 类）硬质合金由 WC、TIC 和 CO 组成，也称钨钛钴类硬质合金。这类合金主要用于加工钢料。

K 类（相当于我国 YG 类）硬质合金由 WC 和 CO 组成，也称钨钴类硬质合金。这类合金主要用来加工铸铁、有色金属及其合金。

M 类（相当于我国 YW 类）硬质合金是在 WC、TIC、CO 的基础上加入 TaC（或 NbC）而成。加入 TaC（或 NbC）后，改善了硬质合金的综合性能。这类硬质合金既可以加工铸铁和有色金属，又可以加工钢料，还可以加工高温合金和不锈钢等难加工材料，有通用硬质合金之称。硬质合金牌号的表示方法如图 4-9 所示。

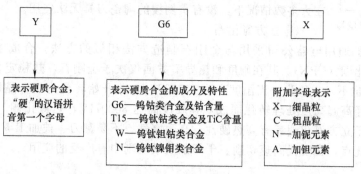

图 4-9 硬质合金牌号的表示方法

a. 钨钴类硬质合金。YG 类硬质合金用于加工短切屑的黑色金属，如 YG3、YG3X、YG6、YG8 等牌号。该类硬质合金的硬度为 89～91.5HRA，抗弯强度为 1100～1500MPa。YG 类硬质合金是硬质合金中抗弯强度和冲击韧性较好者，特别适合加工切屑呈崩碎状的脆性材料，如铸铁。同时，YG 类合金磨削加工性好，切屑刃可以磨得很锋利，也可加工有色金属和纤维层等非金属材料。

b. 钨钛钴类硬质合金。YT 类硬质合金用于加工长切屑的黑色金属,典型牌号有 YT30、YT15、YT14、YT5 等。这类硬质合金的硬度为 89.5～92.5HRA,抗弯强度为 900～1400MPa。硬度、耐磨性和耐热性(900～1000℃)均比 YG 类硬质合金的硬度提高了 1.5HRA,但抗弯强度降低了 300MPa。

YT 类硬质合金随着 TiC 含量增加,其导热性、磨削性和焊接性显著降低,在使用时要防止过热而使刀片产生裂纹。此外,在切削钛合金和含钛的不锈钢时,刀具中的钛元素会与工件里的碳元素有较强的亲和力,而发生刀具严重磨损的黏刀现象,因此此时要避免采用硬质合金。

c. 钨钛钽钴类硬质合金。YW 类硬质合金用于加工长或短切屑的黑色金属和有色金属。兼有 YG、YT 两类合金的性能,综合性能好,是通用型的合金钢。不但适于冷硬铸铁、有色金属及其合金的半精加工,也能用于高锰钢、合金钢、淬火钢及耐热合金钢的半精加工和精加工。

(3) 其他刀具材料

① 金属陶瓷

金属陶瓷是一种性能介于陶瓷和硬质合金之间的合金,切削速度可以填补硬质合金和陶瓷材料之间的一段空白,尤其适于钢材的精加工和半精加工。根据其成分来看,由于前文所述硬质合金主要以 WC 为基体,而金属陶瓷则以 TiC(N)为基体,故也称为钛基硬质合金。目前,在高速切削、硬切削、干切削及精密加工等现代切削工艺中,大量应用金属陶瓷类机夹可转位刀具。

② 陶瓷

陶瓷刀具因具有良好的耐磨性、耐热性、化学稳定性能及高硬度等特点,且不易与金属亲和,广泛应用于高速切削、干切削、硬切削和难加工材料的切削。可以实现以车代磨工艺,最佳切削速度是硬质合金刀具的 2～10 倍。陶瓷刀具材料的主要成分是硬度和熔点都很高的 Al_2O_3、Si_3N_4 等,再加入少量的碳化物、氧化物或金属等添加剂。

特别需要注意的是,陶瓷刀具是脆性材料,因此为了改善其脆性对切削的影响,一般在刃磨时需要对其负倒棱处理,如图 4-10 所示。在大多数情况下,没有负倒棱的陶瓷刀具无法使用。

负倒棱

图 4-10　刀具负倒棱

③ 立方氮化硼

1957 年美国通用电器公司采用与金刚石制造方法相似的方法,合成了第二种超硬材料——立方氮化硼(CBN)。其在硬度和热导率方面仅次于金刚石,热稳定性好,在大气中加热至 1000℃也不发生氧化。当温度高达 1370℃时,才开始转变为六方晶体而软化。它是由六方氮化硼经高温高压处理转化而成,其硬度高达 8000HV,是氮化硼(BN)的同素异构体之一。由于立方氮化硼具有高热硬性、高耐磨性、不易黏刀、被加工零件精度较高、表面粗糙度低等优点,在现代高速切削、干切削及硬切削中有广泛的应用。

④ 金刚石

金刚石分为天然金刚石和人造金刚石两种,由于天然金刚石价格昂贵,工业上多使用人造金刚石。人造之金刚石又分为单晶金刚石和聚晶金刚石(PCD)。聚晶金刚石的晶粒随机排列,属各向同性体,常用于制造刀具。人造金刚石是借助某些合金的触媒作用,在高温高压条件下由石墨转化而成。金刚石的硬度高达 6000～1000HV,是目前已知的最硬物质,可用于加工硬质合金、陶瓷、高硅铝合金等高硬度、高耐磨。与硬质合金刀具相比,能在很长的切削过程中保持锋利刃口和切削效率。人造金刚石目前主要用于制作磨具及磨料,用作刀具材料主要用于有色金属的高速精细切削。金刚石不是碳的稳定状态,遇热易氧化和石墨化,用金刚石刀具进行切削时须对切削区进行强制冷却。金刚石刀具不宜加工铁族元素,因为金刚石中的碳原子和铁族元素的亲和力大,刀具寿命低。

4.3 车削加工

切削加工方式决定于刀具与工件之间的相对运动关系,不同切削方式下,刀具几何特征、基本运动形式等有本质的区别。基本的切削加工方式有车削、铣削、钻削、拉削、展成切削等,由上述基本切削方式组合而成的切削方式,如车铣组合切削。每种切削加工方式下,切削过程中产生的现象、刀具的磨损形式都有各自的特点。

4.3.1 车削加工类型

车削是定义相对简单且最直接的金属切削方法,也是应用最广泛的工艺。车削的基本定义是用单点刀具生成回转面形状的加工方法,并且在大多数情况下,刀具是固定的,而工件是旋转的。主要用于加工各种回转表面,如内外圆柱表面、内外圆锥表面、成形回转面和回转体端面、螺纹面等,如图4-11所示。由于大多数机器零件都具有回转表面,车床的通用性又较广,因此,车床的应用极为广泛,在金属切削机床中所占比重最大,占机床总数的20%~35%。

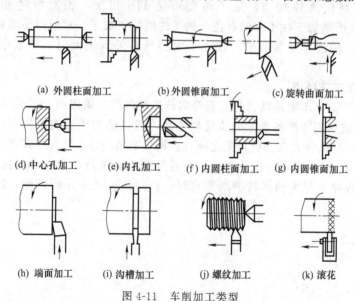

图 4-11 车削加工类型

车削是工件的旋转和刀具的进给运动两种运动的组合,也可以是工件进给运动,而刀具绕其旋转以进行切削,工作原理是相同的。刀具沿着工件的轴向进给,这意味着可把零件的直径车削为更小的尺寸。刀具可以在零件的末端朝中心方向进给,这意味着零件的长度可以缩短。当进给是这两种方向的组合时,其结果是形成锥形或曲线表面。

4.3.2 车削加工工艺特点

(1) 车削加工方法

在机械加工中,由于机械加工中的误差复映现象、毛坯制造的误差等多方面的因素,必须通过逐次反复加工才能生产出符合质量要求的零件。车削加工也遵循这一机械加工的基本规律，因此一般的车削加工均按下述阶段进行安排。

① 粗车　车削加工是外圆粗加工最经济有效的方法。由于粗车的目的主要是迅速地从毛坯上切除多余的金属，因此，提高生产率是其主要任务。

粗车通常采用尽可能大的背吃刀量和进给量来提高生产率。而为了保证必要的刀具寿命，切削速度则通常较低。粗车所能达到的加工精度为 IT12～IT11，表面粗糙度为 $Ra50～12.5\mu m$。

② 半精车　通常在粗车之后，为了进一步减小加工误差，又不至于产生过大的切削力和切削热，在精车之前会安排半精车来进行过渡，主要完成部分要求不高的加工表面的加工任务，为后续的精加工做准备。通常采用的背吃刀量小于粗加工阶段，切削速度大于粗车。

③ 精车　精车的主要任务是保证零件所要求的加工精度和表面质量。精车外圆表面一般采用较小的背吃刀量与进给量和较高的切削速度进行加工。在加工大型轴类零件外圆时，则常采用宽刃车刀低速精车。精车时车刀应选用较大的前角、后角和正值的刀倾角，以提高加工表面质量。精车可作为较高精度外圆的最终加工或作为精细加工的预加工。精车的加工精度可达 IT8～IT6 级，表面粗糙度 Ra 可达 $1.6～0.8\mu m$。

④ 精细车　精细车的特点是背吃刀量和进给量取值极小，切削速度高达 150～2000m/min。精细车一般采用立方氮化硼（CBN）、金刚石等超硬材料刀具进行加工，所用机床也必须是主轴能作高速回转并具有很高刚度的高精度或精密机床。精细车的加工精度及表面粗糙度与普通外圆磨削大体相当，加工精度可达 IT6 以上，表面粗糙度可达 $Ra0.4～0.005\mu m$。多用于磨削加工性不好的有色金属工件的精密加工，对于容易堵塞砂轮气孔的铝及铝合金等工件，精细车更为有效。在加工大型精密外圆表面时，精细车可以代替磨削加工。

（2）车削加工工艺特点

① 适用范围广泛，车削是轴、盘、套等回转体零件广泛采用的加工工序。

② 易于保证被加工零件各表面的位置精度。一般短轴类或盘类零件利用卡盘装夹，长轴类零件可利用中心孔装夹在前后顶尖之间（如图 4-12 所示），而套类零件，通常安装在心轴上（如图 4-13 所示）。当在一次装夹中，对各外圆表面进行加工时，能保证同轴度要求。调整车床的横拖板导轨与主轴回转轴线垂直时，在一次装夹中车削端面，还能保证与轴线垂直。

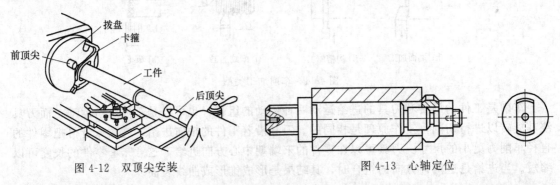

图 4-12　双顶尖安装　　　　　　　　图 4-13　心轴定位

③ 可用于有色金属零件的精加工。有色金属零件不能采用磨削方式达到较高精度要求、较小表面粗糙度值时，可以采用车削的方式来完成。

④ 切削过程比较平稳。除了车削断续表面之外，一般情况下车削过程是连续进行的，

且切削层面积不变（不考虑毛坯余量不均匀），所以切削力变化小，切削过程平稳。又由于车削的主运动为回转运动，避免了惯性力和冲击力的影响，所以车削允许采用大的切削用量，进行高速切削或强力切削，有利于生产效率的提高。

⑤ 生产成本较低。车削加工刀具结构简单，制造、刃磨和安装都非常方便。车床配置不同形式的附件，可以满足一般零件的装夹需要，生产准备时间较短，加工成本低，既适宜单件小批量生产，也适宜大批量生产。

⑥ 加工的通用性好。车床上通常采用顶尖、三爪卡盘和四爪卡盘等装夹工件，也可以通过安装附件来支承和装夹工件，扩大车削的工艺范围。

对于单件小批量生产各种轴、盘、套类零件，经常选择用途广泛的卧式车床或数控车床。对直径大而长度短（长径比03～0.8）和重型零件，通常需用立式车床进行加工。成批生产外形较复杂，且有内孔及螺纹的中小型轴、套类零件，可选用转塔车床进行加工。大批量生产形状简单的小型零件，可选用半自动或自动车床，以提高生产效率。

4.3.3 车削加工机床

(1) 车床的类型

机械加工中车削的实现是利用车削加工机床——车床来实现的。车床主要用于加工各种回转表面，如内外圆柱表面、圆锥表面、成形回转表面和回转体的端面等，有些车床还能加工螺纹面。由于大多数机器零件都具有回转表面，车床的通用性又较广，因此在一般机器制造厂中，车床的应用极为广泛，在金属切削机床中所占的比重最大，占机床总台数的20%～35%。按用途和结构的不同，主要分为以下几类。

① 卧式车床 卧式车床加工范围广，是基本的和应用最广的车床，如图4-14所示。

图4-14 CA6140 卧式车床

1—主轴箱；2—刀架；3—尾座；4—导轨；5—丝杠；6—光杠；
7—床腿；8—溜板箱；9—床腿；10—进给箱

② 立式车床 立式车床的主轴竖直安置，工作台面处于水平位置，主要用于加工径向尺寸大、轴向尺寸较小的大型、重型盘套类、壳体类工件，如图4-15所示。

③ 转塔车床 转塔车床有一个可装多把刀具的转塔刀架，根据工件的加工要求，预先将所用刀具在转塔刀架上安装调整好；加工时，通过刀架转位，这些刀具依次轮流工作，转塔刀架的工作行程由可调行程挡块控制。转塔车床适于在成批生产中加工内外圆有同轴度要求的较复杂的工件，如图4-16所示。

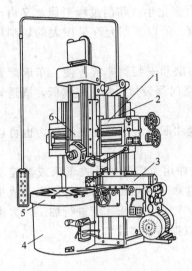

图 4-15　单柱立式车床
1—横梁；2—立柱；3—侧刀架；
4—床身；5—工作台；6—垂直刀架

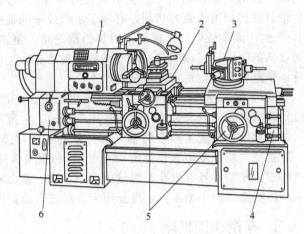

图 4-16　转塔车床
1—主轴箱；2—前刀架；3—转塔刀架；
4—床身；5—溜板箱；6—进给箱

④ 自动车床和半自动车床　自动加工机床大多是通过凸轮来控制加工程序。也有一些数控自动车床与气动自动车床以及走心式自动车床，其基本核心是可以经过一定设置与调整后可以长时间自动加工同一种产品。适合铜、铝、铁、塑料等精密零件加工制造，适用于仪表、钟表、汽车、摩托、眼镜、文具、电子零件、电脑、机电、军工等行业成批加工小零件。自动车床调整好后能自动完成预定的工作循环，并能自动重复。半自动车床虽具有自动工作循环，但装卸工件和重新开动机床仍需由人工操作。自动和半自动车床适于在大批大量生产中加工形状不太复杂的小型零件，如图 4-17 所示。

⑤ 数控车床　数控车床又称为 CNC 车床，即计算机数字控制车床，是目前国内使用量最大、覆盖面最广的一种数控机床，约占数控机床总数的 25%，如图 4-18 所示。

图 4-17　自动车床

图 4-18　数控车床

(2) 车床的结构

尽管车床类型较多，但在实际使用中，通用性最好、应用最广的是卧式车床，因此以典型的 CA6140 车床为例介绍车床的结构组成。

① 主轴箱　它固定在床身的左端，内部装有主轴和变速、传动机构。主轴箱的功能是支承主轴，并将动力经变速、传动机构传给主轴，使主轴按规定的转速带动工件转动。

　　② 床鞍和刀架　它位于床身中部，可沿床身导轨作纵向移动。刀架部件由几层刀架组成，它的功用是装夹刀具，使刀具作纵向、横向或斜向进给运动。

　　③ 尾座　它装在床身右端的尾座导轨上，并可沿此导轨纵向调整其位置。尾座的功能是安装作定位支撑用的后顶尖，也可以安装钻头、铰刀等孔加工刀具进行孔加工。

　　④ 进给箱　它固定在床身的左前侧，主轴箱的下方。送给箱内装有进给运动的变速装置，用于改变进给量。

　　⑤ 溜板箱　它固定在床鞍的底部，溜板箱的功用是把进给箱传来的运动传递给刀架，使刀架实现纵向和横向进给或快速移动。溜板箱上装有各种操纵手柄和按钮。

　　⑥ 床身　床身固定在左床腿和右床腿上。在床身上安装着车床的各个主要部件，使它们在工作时保持准确的相对位置。

4.3.4　车削加工中的刀具

　　车刀按用途分为外圆车刀、端面车刀、内孔车刀、切断刀、切槽刀等多种形式，如图4-19所示。为了优化车削过程，国际标准化委员会按照刀具的主偏角对刀具进行分类。外圆车刀用于加工外圆柱面和外圆锥面，它分为直头和弯头两种。弯头车刀通用性较好，可以车削外圆、端面和倒棱。外圆车刀又可分为粗车刀、精车刀和宽刃光刀，精车刀刀尖圆弧半径较大，可获得较小的残留面积，以减小表面粗糙度；宽刃光刀用于低速精车；当外圆车刀的主偏角为90°时，可用于车削阶梯轴、凸肩、端面及刚度较低的细长轴。外圆车刀按进给方向又分为左偏刀和右偏刀。

　　车刀在结构上可分为整体车刀、焊接车刀和机械夹固式车刀。整体车刀主要是整体高速钢车刀，截面为正方形或矩形，使用时可根据不同用途进行刃磨；整体车刀耗用刀具材料较多，一般只用作切槽、切断刀使用。焊接车刀是将硬质合金刀片用焊接的方法固定在普通碳钢刀体上。它的优点是结构简单、紧凑、刚性好、使用灵活、制造方便，缺点是由于焊接产生的应力会降低硬质合金刀片的使用性能，有的甚至会产生裂纹。机械夹固车刀简称机夹车刀，根据使用情况不同又分为机夹重磨车刀和机夹可转位车刀。

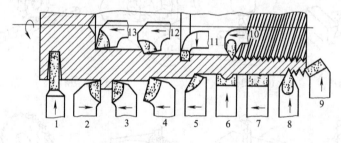

图 4-19　常见焊接车刀类型

1—切断刀；2—90°左偏刀；3—90°右偏刀；4—弯头车刀；5—直头车刀；6—成形车刀；7—宽刃精车刀；
8—外螺纹车刀；9—端面车刀；10—内螺纹车刀；11—内槽车刀；12—通孔车刀；13—盲孔车刀

　　机夹重磨车刀是采用普通刀片，用机械夹固的方法将刀片夹持在刀杆上使用的车刀。此类刀具的特点包括：刀片不经过高温焊接，避免了因焊接而引起的刀片硬度下降、产生裂纹等缺陷，提高了刀具的耐用度；由于刀具耐用度提高，使用时间较长，换刀时间缩短，提高了生产效率；刀杆可重复使用，既节省了钢材又提高了刀片的利用率，刀片由制造厂家回收再制，提高了经济效益，降低了刀具成本；刀片重磨后，尺寸会逐渐变小，为了恢复刀片的工作位置，往往在车刀结构上设有刀片的调整机构，以增加刀片的重磨次数；压紧刀片所用的压板端部，可以起断屑器作用。

机夹可转位车刀是使用可转位刀片的机夹车刀，如图 4-20 所示。一条切削刃用钝后可迅速转位换成相邻的新切削刃，即可继续工作，直到刀片上所有切削刃均已用钝，刀片才报废回收。更换新刀片后，车刀又可继续工作。可转位刀具与焊接车刀相比，可转位车刀具有以下优点。

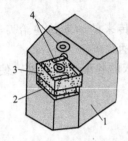

图 4-20　可转位车刀的组成
1—刀杆；2—刀垫；3—刀片；
4—夹固元件

① 刀具寿命高　由于刀片避免了由焊接和刃磨高温引起的缺陷，刀具几何参数完全由刀片和刀杆槽保证，切削性能稳定，从而提高了刀具寿命。

② 生产效率高　由于机床操作工人不再磨刀，可大大减少停机换刀等辅助时间。

③ 有利于推广新技术、新工艺　可转位刀有利于推广使用涂层、陶瓷等新型刀具材料。

④ 有利于降低刀具成本　由于刀杆使用寿命长，大大减少了刀杆的消耗和库存量，简化了刀具的管理工作，降低了刀具成本。

4.4　铣削加工

4.4.1　铣削方式及工艺特点

(1) 铣削工艺特点

铣削是非常普遍的加工方式，如图 4-21，通过旋转的多切削刃刀具，沿着工件在设定的方向进给运动，从而完成金属切削，形成已加工表面。

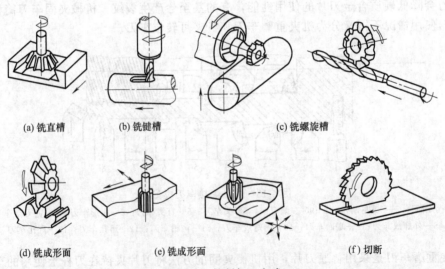

(a) 铣直槽　　　　(b) 铣键槽　　　　　(c) 铣螺旋槽

(d) 铣成形面　　　　(e) 铣成形面　　　　　(f) 切断

图 4-21　铣削加工方式

铣刀的刀具相比车刀比较复杂，一般均为多刃刀具，在专门的刀具厂家进行生产。铣刀的每一个刀齿都可以看成为一把车刀，因此铣削过程有很多现象与车削相似，如切屑的变形、切削热、积屑瘤（端铣平面时）以及加工表面硬化等。常用的铣刀有圆柱形铣刀、平面铣刀、立铣刀、三面刃铣刀、锯片铣刀等。

铣削加工使用的机床称为铣床，最常用的有立式铣床、卧式铣床和龙门铣床三类，此外还有工具铣床和仿形铣床等。铣削工艺特点如下：

① 生产率高　由于铣刀为多刃刀具，铣削时有几个刀齿同时进行切削，可以利用硬质合金刀片和涂层刀片，有利于实现高速切削，切削运动的连续性保证了较高的生产效率。

② 铣削加工的应用范围大　铣削加工不仅可以加工箱体、支架、机座，以及板块状零件的大平面、凸台面、内凹面、台阶面、各种沟槽，还可以加工轴和盘套类零件的小平面及分度零件，孔的加工（钻孔、扩孔、铰孔、镗孔、铣孔）等。普通铣削一般只能加工平面；而曲面则需要特定的成形铣刀来进行加工，例如成形法铣削齿轮；数控铣床可以控制几个轴按一定的规律联动，加工出曲面（例如叶片），而此时的铣刀主要使用球头铣刀。

③ 铣削容易产生振动　铣刀刀齿在切入和切出工件时易产生冲击，并将引起参与切削的刀齿数目发生变化，对单个刀齿而言，在铣削过程中的铣削厚度也是不断变化的，因此铣削过程不够平稳，影响加工质量和加剧刀具的磨损。

(2) 铣削方式

根据刀刃切削过程的变化特点，铣削方式有两种类型：端铣和周铣。端铣是指用分布在铣刀端面上的刀齿进行铣削（如图 4-22 所示），又可分为对称铣和不对称铣。而周铣是指用分布在铣刀圆柱面上的刀齿进行铣削（如图 4-23 所示），可分为顺铣与逆铣。

端铣的主要特点如下：

① 端铣法刀杆刚性好，可大用量切削，效率较周铣高。

② 端铣时有多个切削刃同时切削，切削平稳性好，周铣只有一个到两个齿切削，切削平稳性较差，加工质量比端铣低一个等级。

图 4-22　面铣刀铣削平面

图 4-23　周铣刀铣削

③ 端铣刀齿有修光过渡刃和副刀刃，加工质量较好。

④ 端铣到结构简单，可镶嵌硬质合金刀片，周铣刀结构复杂。

⑤ 端铣适应性较差，一般用于加工大平面，周铣适应性较好，可以加工平面、各种沟槽等。

端铣中分为对称铣和不对称铣，如图 4-24 所示。对称铣时铣刀切入和切出厚度相同，不对称逆铣时切入时厚度最小，切出时厚度最大，这样可以减少切入时的冲击，提高刀具耐用度。不对称顺铣切入厚度最大，而切出时最小，实验表明，在切削不锈钢和耐热合金时，可以减少硬质合金刀具的剥落磨损。

周铣中按照刀具旋转方向和工件进给方向的关系分顺铣和逆铣，顺铣时工件送给方向与铣刀的旋转方向相同，逆铣时工件进给方向与铣刀的旋转方向相反，如图 4-25 所示。

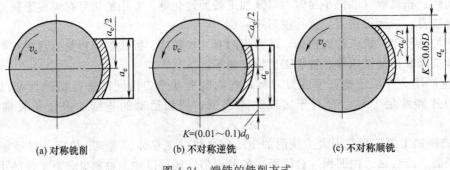

(a) 对称铣削　　　　　　　　(b) 不对称逆铣　　　　　　　(c) 不对称顺铣

$K=(0.01\sim0.1)d_0$

图 4-24　端铣的铣削方式

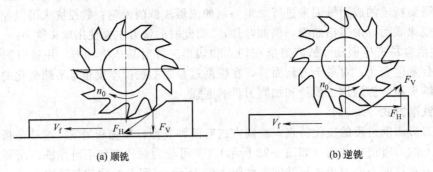

(a) 顺铣　　　　　　　　　　　　　　(b) 逆铣

图 4-25　顺铣与逆铣

4.4.2　铣削加工机床

铣床是用铣刀进行加工的机床设备。铣刀旋转为主运动，工件或铣刀的直线移动为进给运动。在机械制造业中的使用非常广泛，在绝大多数场合替代了刨床的作用。铣床的类型很多，主要有升降台式铣床（如图 4-26、图 4-27 所示）、床身式铣床（如图 4-28 所示）、龙门铣床（如图 4-29 所示）、工具铣床、专用铣床及数控加工中使用的数控铣床（如图 4-30 所示）等。

卧式升降台铣床简称卧铣，主轴水平放置，固定在工作台上的工件，可以在相互垂直的三个方向上实现任一方向的调整和进给运动。

立式升降台铣床简称立铣，其主轴垂直安装，可以使用各种端铣刀和立铣刀加工平面、斜面、沟槽、台阶、齿轮、凸轮及封闭的轮廓表面等。

床身式铣床加工时工件只做水平面内横向和纵向的进给运动，垂直运动由安装在立柱上

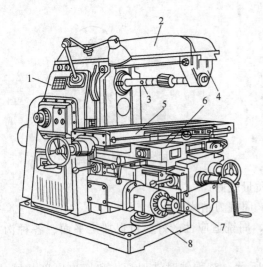

图 4-26　卧式升降台铣床

1—床身；2—悬臂；3—铣刀心轴；4—挂架；
5—工作台；6—床鞍；7—升降台；8—底座

的主轴箱来实现，工作台不进行升降运动。床身式铣床刚性较好，便于采用较大的切削用量，主要用于加工中等尺寸的零件。

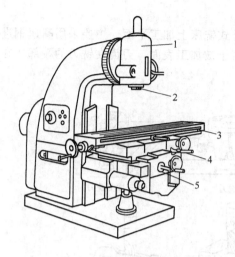

图 4-27 立式升降台铣床
1—主轴箱；2—主轴；3—工作台；
4—床鞍；5—升降台

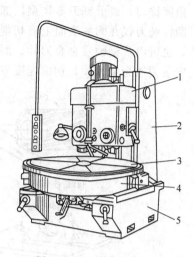

图 4-28 双轴床身式铣床
1—主轴；2—立柱；3—圆形工作台；
4—滑座；5—底座

龙门铣床主体结构为龙门式框架，结构刚性好，便于采用大的切削用量，而且可同时参与工作的刀具较多，生产效率非常高，在成批和大量生产中应用较多。主要用于加工各类大型工件上的平面和沟槽等。

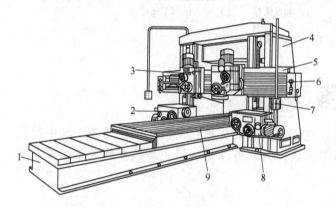

图 4-29 龙门铣床
1—床身；2,8—卧铣头；3,6—立铣头；
4—立柱；5—横梁；7—控制系统；9—工作台

图 4-30 卧式数控铣床

数控铣床是一种加工功能非常强的数控机床，加工中心、柔性制造单元都是在数控铣床和数控镗床的基础上发展起来的。数控铣床也像普通铣床那样可以分为立式、卧式和立卧两用式。其中立式数控铣床是数控铣床中数量最多的一种，卧式数控铣床如图 4-30 所示。中小型数控铣床一般采取工作台移动方式，而大型数控铣床会采用龙门移动式。数控铣床除了可以完成普通铣床的加工内容之外，其优势主要体现在利用多轴联动功能实现复杂曲面的加工上。

4.4.3 铣削加工中的刀具

铣刀的种类很多，按用途可分为圆柱形铣刀、面铣刀、三面刃铣刀、立铣刀、键槽铣刀、角度铣刀、成形铣刀等类型，如图 4-31 所示。

圆柱铣刀仅在圆柱表面上有切削刃，用于在卧式铣床上加工平面。主要采用高速钢进行制造，也可以焊镶硬质合金刀片。面铣刀轴线垂直于被加工表面，刀齿在铣刀的端部，在刀体上安装硬质合金刀片，切削速度较高。

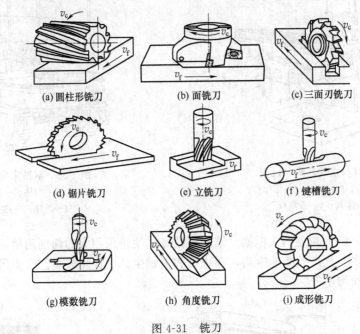

(a) 圆柱形铣刀　　　　　(b) 面铣刀　　　　　(c) 三面刃铣刀

(d) 锯片铣刀　　　　　(e) 立铣刀　　　　　(f) 键槽铣刀

(g) 模数铣刀　　　　　(h) 角度铣刀　　　　　(i) 成形铣刀

图 4-31　铣刀

4.5　孔加工

孔加工在金属切削加工中应用很广泛，包括钻孔、扩孔、铰孔和镗孔等，其中镗孔与车削加工方式相同，所有这些孔加工工艺的共同特点是旋转主运动和线性进给运动相结合。

4.5.1　钻削加工

(1) 钻孔

钻削是利用钻头（如图 4-32 所示）、铰刀或锪钻等工具在工件上加工孔的工艺过程，是在实心材料上加工孔的第一个工序，适合于加工中小型孔。在钻削过程中，刀具的旋转运动为主切削运动，刀具的轴向运动是进给运动，可以完成钻孔、扩孔、铰孔、攻螺纹、锪孔等工作，如图 4-33 所示。钻孔时，由于是在工件孔内的连续切削过程，会引起钻头的刚度和强度、排屑、导向和冷却润滑等一些特殊问题。

(2) 扩孔和铰孔

如果要求精度高、表面质量高的孔，在钻削之后需要采用扩孔和铰孔来进行半精加工和精加工。

扩孔是利用扩孔钻在工件上已经钻出、铸出或锻出孔的基础上所做的进一步加工，以扩大孔径，提高孔的加工精度。扩孔使用的扩孔钻（如图 4-34 所示），加工余量比钻孔时小很多，因此刀具受力比麻花钻小，加工状态比较好。

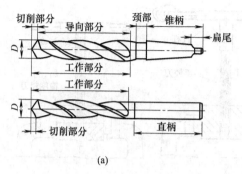

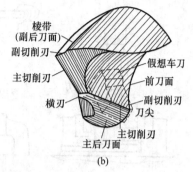

(a)

(b)

图 4-32　麻花钻

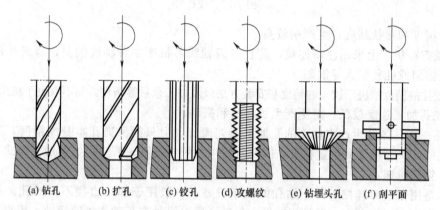

(a) 钻孔　(b) 扩孔　(c) 铰孔　(d) 攻螺纹　(e) 钻埋头孔　(f) 刮平面

图 4-33　钻削加工方法

扩孔钻具有如下特点：

① 刚性好　由于切削深度小，切屑少，容屑槽可以做得浅，这样钻心比较粗壮，极大提高了刀具的刚性。

② 导向性好　扩孔钻刀体上刀齿数为3～4 个，增强了扩孔时刀具的导向及修光作用，切削过程较平稳。

③ 加工条件好于麻花钻　扩孔钻轴向力较小，可以采用较大的进给量，生产率高。此外，切屑少，排屑顺利，不易刮伤已加工表面。

由上述可知，扩孔比钻孔可以获得更高的精度，因此扩孔常作为铰孔前的预加工，对于质量要求不高的孔，可以作为最终加工工序。

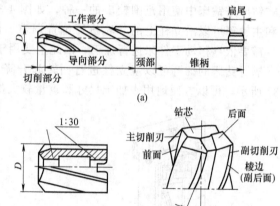

(a)

(b)

图 4-34　扩孔钻

铰孔是在扩孔的基础上采用铰刀进行的一种孔的精加工（如图 4-35 所示），在生产中应用很广。对于较小的孔，相对于内圆磨削及精镗而言，铰孔是一种较为经济实用的加工方法。

铰孔的切削条件和铰刀的结构比扩孔更为优越，有如下特点：

① 铰刀为定尺寸的精加工刀具，刀刃数较多（6～12 个），刚性和导向性好，铰孔较易

机械制造工程导论

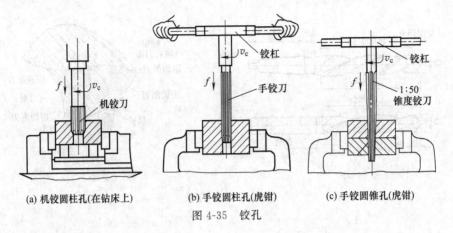

(a) 机铰圆柱孔(在钻床上)　　　(b) 手铰圆柱孔(虎钳)　　　(c) 手铰圆锥孔(虎钳)

图 4-35　铰孔

保证尺寸精度和形状精度，生产率较高。

② 铰刀在机床上采用浮动连接，防止铰刀轴线与机床主轴轴线偏斜，造成孔的形状误差、轴线偏斜或孔径扩大等缺陷。

③ 铰孔的精度取决于铰刀的精度和安装方法以及加工余量等条件，而不取决于机床的精度。

④ 铰孔加工速度较低，避免产生积屑瘤和振动。

⑤ 钻—扩—铰是生产中典型的孔加工工艺流程，但只能保证孔本身的精度，不能保证孔与孔之间的尺寸精度和位置精度。因此若要求位置精度高，需采用镗削加工方式。

(3) 钻削机床

钻床是用钻削刀具在工件上钻孔的机床设备，一般用于加工直径不大的孔。加工过程中，工件固定在工作台上，刀具旋转做主运动，同时沿轴向移动作进给运动。根据用途和结构的不同，钻床可以分为立式钻床、摇臂钻床、深孔钻床、台式钻床和中心孔钻床等。其中立式钻床是钻床中使用范围较广的一种，如图 4-36 所示。主轴运动依靠电动机传动，工作台和主轴箱可以沿立柱上的导轨进行位置调整。由于立式钻床主轴位置在水平方向不可调整，需要依靠移动工件来进行加工，因此主要用于单件小批生产中小型零件。

摇臂钻床的摇臂可以绕立柱进行回转和升降，主轴箱可以在摇臂上做水平移动，如图 4-37 所示，可以方便地用来加工尺寸和重量较大的工件。

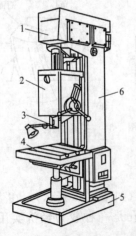

图 4-36　立式钻床
1—变速箱；2—主轴箱；3—主轴；
4—工作台；5—底座；6—立柱

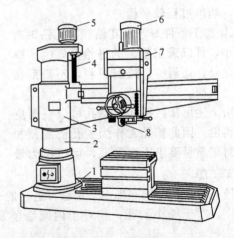

图 4-37　摇臂钻床
1—底座；2—立柱；3—摇臂；4—丝杠；
5—电机；6—电机；7—主轴箱；8—主轴

台式钻床简称台钻，是一种加工小孔的立式钻床，钻孔直径一般在 15mm 以下。加工孔径很小，主轴转速较高。一般安装在钳工台上进行使用，机床构造简单，适于单件、小批量加工小型零件上的孔。

　　当然，钻孔工序除了在钻床上进行之外，同样也可以在其他一些类型的设备上进行，如图 4-38 所示。

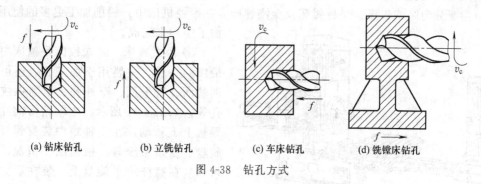

(a) 钻床钻孔　　　　(b) 立铣钻孔　　　　(c) 车床钻孔　　　　(d) 铣镗床钻孔

图 4-38　钻孔方式

4.5.2　镗削加工

　　镗孔是在预制孔上用切削刀具使之扩大的一种加工方法，预制孔可以是通过钻削得到，也可以通过铸造和锻造得到。镗孔工作既可以在镗床上进行（如图 4-39 所示），也可以在车床（如图 4-40 所示）或铣床上进行。镗床是镗刀旋转作主运动，工件或镗刀作进给运动；车床是工件旋转作主运动，车刀作进给运动。

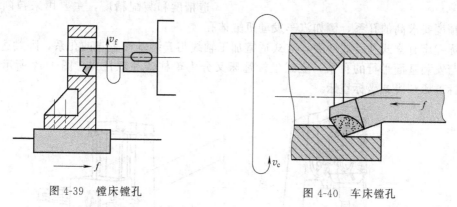

图 4-39　镗床镗孔　　　　　　　　图 4-40　车床镗孔

(1) 镗削工艺特点

　　镗孔和钻—扩—铰工艺相比，孔径尺寸不受刀具尺寸的限制，可以加工直径较大的已有孔和孔系。还可以将镗刀装在铣镗床上加工外圆和平面。镗孔可以分为粗镗、半精镗和精镗。镗削的主要工艺特点如下：

　　① 可保证孔间精度　由于加工孔径尺寸不受刀具尺寸限制，刀具回转精度主要依靠镗床自身保证，因此对于一系列孔径较大、精度较高的孔，利用镗削可以保证孔与孔之间的位置精度和尺寸精度。

　　② 加工范围广　可以完成孔和孔系的加工，这些孔可以是通孔或者台阶孔，还可以进行部分车削与铣削的工作。

　　③ 效果好　可以获得较高的精度和较好的表面质量。

　　④ 加工质量控制不易　由于镗刀杆直径受孔径的限制，刚性较差，容易产生弯曲和振

动，因此镗削加工质量的控制不如铰削容易。

⑤ 镗削的生产率较低　由于镗刀刚度差，必须采用较小的切削用量，通过多次走刀来完成加工。且在镗床上镗孔时，需要调整刀具在刀杆上的径向位置，操作复杂。

（2）镗削机床

镗床是利用镗刀进行孔加工的机床，其加工精度高于钻床。是加工大型箱体零件的主要设备，主要分为卧式镗床、坐标镗床及金刚镗床。在数控机床中，镗削加工更多的使用镗铣加工中心来完成。

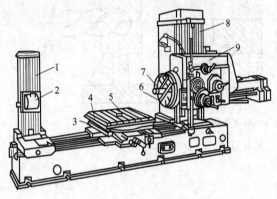

图 4-41　卧式镗床
1—后立柱；2—尾架；3—下滑座；4—上滑座；
5—工作台；6—平旋盘；7—主轴；
8—前立柱；9—主轴箱

① 卧式镗床　卧式镗床是镗床中应用最广的一种，主要用于加工孔，还可以车削端面、铣平面、车外圆、车削螺纹和钻孔等，如图 4-41 所示。主轴箱沿前立柱的导轨上下移动，在主轴箱中装有镗杆、平旋盘、变速系统等。根据加工情况，刀具可以装在镗杆或平旋盘上。装在后立柱上的支架用于支撑悬伸长度较大的镗杆。工件安装在工作台上，工作台可以绕圆形轨道在水平面内转位。

② 坐标镗床　坐标镗床是一种高精度机床，具有测量坐标位置的精密测量装置。坐标镗床的主要零部件必须具备很高的制造精度和装配精度，主要用来镗削精密孔

和位置精度要求高的孔系，例如汽车发动机缸体孔。

坐标镗床有立式和卧式两类，立式适宜加工轴线与安装基面垂直的孔系，卧式适宜于加工轴线与安装基面平行的孔系。立式坐标镗床又分为单柱式和双柱式，图 4-42 所示为立式单柱坐标镗床和卧式坐标镗床。

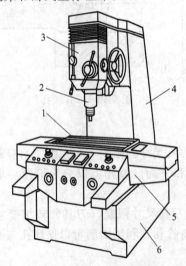
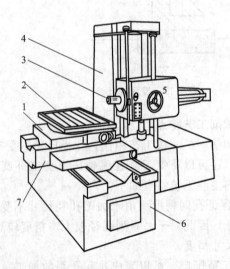

(a) 立式单柱坐标镗床

1—工作台；2—主轴；3—主轴箱；
4—立柱；5—床鞍；6—床身

(b) 卧式坐标镗床

1—上滑座；2—回转工作台；3—主轴；
4—主柱；5—主轴箱；6—床身；7—下滑座

图 4-42　坐标镗床

③ 镗铣中心 镗铣中心可以进行铣削加工与各类孔的加工，鉴于镗铣中心为高精度设备，其孔加工主要为镗削方式，可以连续完成箱体类零件的内外表面的加工，如图 4-43 所示。

（3）镗削刀具

镗床可以使用的刀具类型较多，除了钻床上使用的各类刀具和铣床使用的刀具之外，镗削加工主要使用单刃镗刀、微调镗刀和浮动镗刀。

单刃镗刀切削部分与普通车刀相似，刀体较小，安装在镗杆的孔内，尺寸由操作者调整，如图 4-44 所示。单刃镗刀镗孔具有如下特点：

① 适应性广，灵活，但对操作工人技术水平要求较高。

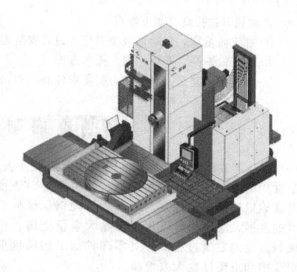

图 4-43 卧式镗铣中心

② 可以校正原有孔的轴线位置偏差。

③ 生产率较低，镗杆刚性差，单刃切削，调整时间长，一般用于单件、小批量生产。

采用微调镗刀可以提高调整精度，如图 4-45 所示。通过调整螺母可以将刀片调整到所需尺寸。导向键用来防止镗刀头的转动。

消除镗孔时径向力对镗杆的影响，可以采用浮动镗刀。刀块以间隙配合的状态浮动安装在镗杆的径向孔内，工作时刀块在切削力的作用下保持平衡位置，可以减少镗刀块安装误差及镗杆径向跳动所引起的加工误差，如图 4-46 所示。可通过尺寸调节螺钉推动斜面垫板，调整刀片的位置。

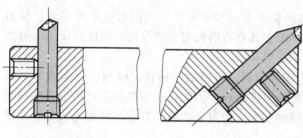

(a) 通孔镗　　　　　(b) 盲孔镗

图 4-44 单刃镗刀

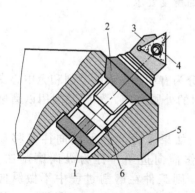

图 4-45 微调镗刀
1—紧固螺钉；2—精调螺母；3—刀块；
4—刀片；5—镗杆；6—导向键

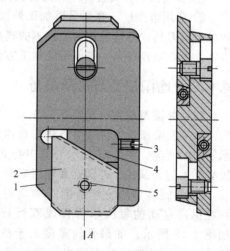

图 4-46 浮动镗刀
1—刀块；2—刀片；3—调节螺钉；
4—斜面垫板；5—紧固螺钉

浮动镗刀镗孔具有如下特点：

① 加工质量高，浮动可减少刀杆、刀具安装偏差。

② 生产效率高，双刃切削，操作方便。

③ 刀具结构复杂，对刀具刃磨要求较高，刃口要对称，一般用于较大孔径的批量生产。

4.6　磨削加工

用砂轮或涂覆磨具以较高的线速度对工件表面进行加工的方法称为磨削加工。磨削是常用的半精加工和精加工方法。由于磨料硬度高、耐热性好，所以磨削能加工一般刀具难以切削的高硬度材料，如淬硬钢、硬质合金、工程陶瓷等。目前，随着磨削技术的发展，磨削也可以用于切除大余量金属，作为整个工艺流程的粗加工方法。在机械制造业的发展过程中，对零部件加工的精度要求也越来越高，因此，磨削加工的应用范围和重要性也大大增加。

4.6.1　磨削的工艺特点

① 磨削加工精度高，表面质量好　磨削属于多刀微刃加工，切削刃远小于车刀、铣刀等刀具，可以使用更小的切削深度，一定程度上具有研磨和抛光的作用，因此磨床比一般的机床加工精度高。磨削加工精度可以达到IT5级。

② 可以加工高硬材料　磨削使用砂轮作为刀具，可以加工铸铁、碳钢、合金钢等一般材料，也可以加工一般金属刀具难以加工的高硬度材料，因此，在零件加工过程中，磨削往往作为最终的加工工序，解决零件的加工精度要求。但由于砂轮的特性，磨削无法对塑性很大、硬度低的有色金属进行加工。

③ 磨削产生的温度高　在磨削过程中，砂轮与工件在高压和高速下，摩擦非常严重，消耗功率大，产生大量磨削热。而且砂轮本身传热性较差，因此产生的磨削热无法很快传导，因此磨削过程中温度很高，容易形成工件表面的烧伤，所以要求在磨削中必须使用水基冷却液。

④ 砂轮具有自锐性　砂轮的自锐性可以使砂轮可以连续加工，而不需要中途刃磨刀具。

⑤ 应用范围广　磨削可以加工外圆、内孔、锥面、平面、螺纹、齿轮等，还可以刃磨各种金属刀具。随着毛坯加工技术的提高，毛坯加工余量大大减小，成形精度提高，使得很多零件可以不经过车、铣等传统加工方法，直接用磨削达到精度要求。

4.6.2　磨削加工方法及设备

(1) 外圆磨削方法及设备

从外圆磨床上工件装夹方法和具体加工形式来看，又分为有中心支承的磨削和无中心支承的磨削两类。图4-47所示为有中心支承外圆磨削所使用的外圆磨床。外圆磨削用以磨削轴类工件的外圆柱、外圆锥和轴肩端面。

① 外圆有中心支承磨削　磨削时，工件低速旋转，如果工件同时做纵向往复移动并在纵向移动的每次单行程或双行程后砂轮相对工件作横向进给，称为纵向磨削法，如图4-48所示。如果砂轮宽度大于被磨削表面的长度，则工件在磨削过程中不做纵向移动，而是砂轮相对工件连续进行横向进给，称为横向磨削法，如图4-49所示。一般横向磨削法效率高于纵向磨削法。如果将砂轮修整成成形面，横向磨削法可加工成形的外表面。

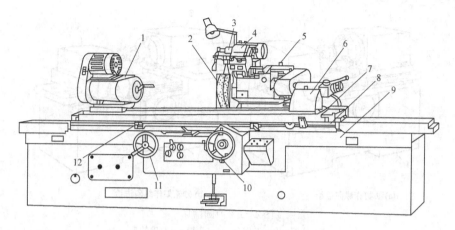

图 4-47 万能外圆磨床
1—头架；2—砂轮；3—内圆磨头；4—磨架；5—砂轮架；6—尾座；7—上工作台；8—下工作台；
9—床身；10—横向进给手轮；11—纵向进给手轮；12—换向挡块

图 4-48 纵向磨削法

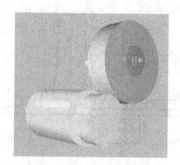

图 4-49 横向磨削法

② 无中心支承磨削 一般在无心磨床（如图 4-50 所示）上进行，用以磨削工件外圆。磨削时，工件不用顶尖定心和支承，而是放在砂轮与导轮之间，由其下方的托板支承，并由导轮带动旋转。当导轮轴线与砂轮轴线调整成斜交 1°~6°时，工件能边旋转边自动沿轴向做纵向进给运动，这称为贯穿磨削。贯穿磨削只能用于磨削外圆柱面。采用切入式无心磨削时，须把导轮轴线与砂轮轴线调整成互相平行，使工件支承在托板上不作轴向移动，砂轮相对导轮连续作横向进给。切入式无心磨削可加工成形面。

图 4-50 外圆无心磨床

（2）内圆磨削及机床

内圆磨削用于磨削圆柱形和圆锥形的通孔、盲孔、阶梯孔。使用的设备为普通内圆磨床（如图 4-51 所示）、无心内圆磨床及行星运动内圆磨床。其中，普通内圆磨床应用最为普遍。

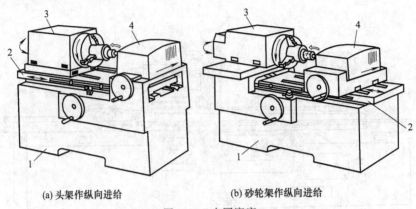

(a) 头架作纵向进给　　　　　　　　(b) 砂轮架作纵向进给

图 4-51　内圆磨床

1—床身；2—工作台；3—头架；4—砂轮架

(3) 平面磨削方法及机床

机械零件除了回转体表面外，还有若干平面组成，如零件的底平面，零件上相互平行、垂直或成一定角度的平面。这些平面的技术要求主要是平面的平面度，平面之间的平行度、垂直度、倾斜度及平面与其他要素之间的位置度，还有平面的表面粗糙度。平面磨削就是在平面磨床上对这些平面进行加工，达到一定的要求。

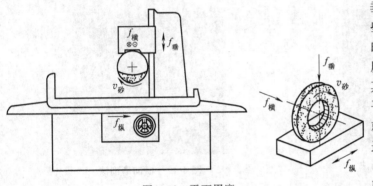

图 4-52　平面周磨

平面磨削方法分为周面磨削法和端面磨削法。采用砂轮的轮缘（圆周）进行磨削称为周面磨削法，如图 4-52 所示。利用周面磨削法时，砂轮与工件接触面积少、发热量低、散热快、排屑和冷却容易，可以得到较高的加工精度和表面粗糙度等级，但生产率较低。

采用砂轮的端面进行磨削称为端面磨削法，如图 4-53 所示。砂轮主轴竖直放置，端面磨削法磨头主轴伸出长度短，刚性好，可采用较大的切削用量，磨削面积大，生产率高。但由于砂轮与工件接触面积大，发热量大，排屑和冷却困难，故加工精度和表面粗糙度等级较低，在大批量生产中多用于粗加工和半精加工，可以在粗加工中代替铣削、刨削。

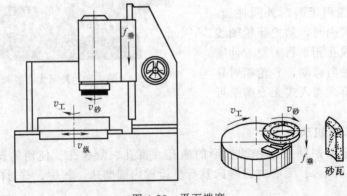

图 4-53　平面端磨

<h2>4.7 齿轮加工</h2>

齿轮是机械传动中应用最为广泛的一种重要零件，几乎没有任何一台设备或仪器不使用齿轮传动机构。齿轮的主要功能是传递动力和速度，并改变运动的方向。齿轮是机器的基础件，它的质量、性能、寿命直接影响整机的经济技术指标，同时因其形状复杂、技术问题多、制造难度大，所以齿轮制造水平在很大程度上反映国家的机械工业水平。

齿轮加工概括起来有齿坯加工、齿形加工、热处理和热处理后精加工四个阶段。齿轮加工必须保证加工基准面精度，热处理直接决定轮齿的内在质量，齿形加工和热处理后精加工是制造的关键。齿轮制造工艺的发展在很大程度上表现在精度等级与生产效率的提高两个方面。

齿轮的齿形较为复杂，因此与一般加工方法不同，齿轮加工需要的运动更加复杂。应根据齿轮精度要求、生产批量等条件选择好加工方法和确定齿轮加工工艺。齿轮的加工方法有很多，主要有滚齿、插齿、剃齿、磨齿、铣齿等。

齿轮的应用广泛，类型很多，按外形可分为圆柱齿轮、锥齿轮、非圆齿轮、齿条、蜗杆-蜗轮等；按轮齿所在的表面可分为外齿轮和内齿轮；按齿线形状可分为直齿轮、斜齿轮、人字齿轮、曲线齿轮等。按制造方法可分为铸造齿轮、切制齿轮、轧制齿轮、烧结齿轮等。

齿轮齿面的加工运动较为复杂，根据形成齿面的方法可分为两大类：成形法和展成法。成形法是用与被切齿轮的齿槽法线截面形状相符的成形刀具切出齿形的方法，即刀具的齿形与被加工齿轮的齿槽形状相同。其中最为常用的是使用盘状模数铣刀和指状模数铣刀在铣床上借助分度装置铣削齿轮，如图4-54所示。成形法加工齿轮需要两个成形运动，即刀具的旋转运动（主运动）和直线运动（进给运动）。展成法是利用齿轮刀具与

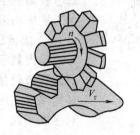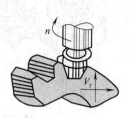

(a) 盘状铣刀铣齿轮　　(b) 指状铣刀铣齿轮

图4-54 成形法加工齿轮

被加工齿轮保持啮合运动关系来加工出齿形，常用的有滚齿、插齿、剃齿等方法。

(1) 成形法齿轮加工

① 齿轮铣削

铣齿法加工齿轮所用的两种铣刀，在齿轮模数 $m<8$ 时，采用盘状模数铣刀在卧式铣床上加工，模数 $m>8$ 的齿轮，采用指状模数铣刀在立式铣床上加工。

为了保证齿形准确，每种模数、齿数的齿轮，必须采用相应的铣刀加工，但这样要求的铣刀数量和类型非常繁杂，成本过高且不便于刀具管理，因此在实际工作中，将同一模数的齿轮，按照齿数划分为8组或者15组，每组采用同一把铣刀进行加工，该铣刀齿形按照所加工齿数组内的最小齿数齿轮的齿槽轮廓制作，以保证加工出的齿轮在啮合时不产生干涉现象。铣齿的工艺特征如下：

a.加工成本低。铣齿对于机床要求不高，使用一般的铣床即可，刀具也比其他加工齿轮的刀具简单。

b.加工精度低。铣齿使用的铣刀是按分组进行加工的，齿形误差较大，且铣齿采用的通用分度头进行分度，分度精度偏低，将产生分度误差，再加上铣齿时产生的冲击和振动，造成铣齿的加工精度偏低。

c. 生产效率低。铣齿时，每铣一个齿都要经历切入、切出、退刀、分度等工作，消耗的调整、测量等辅助时间长，生产率较低。

因此，成形法铣齿主要适用于单件小批生产或维修工作中加工精度要求不高的低速齿轮。但铣齿加工范围大，不仅可以加工直齿、斜齿和人字齿圆柱齿轮，而且还可以加工齿条和锥齿轮等。

② 成形法齿轮磨削

齿轮磨削是用砂轮在磨齿机床上对淬火或不淬火的齿轮进行精加工。加工精度可达 6～4 级，最高 3 级，是目前齿形加工中精度最高的一种方法。磨齿分为成形法齿轮磨削和展成法齿轮磨削两类。磨齿对齿轮的误差具有很强的修正能力，能消除齿轮淬火后的变形。由于磨齿所用的磨齿机为高精度设备，加工成本较高，因此磨齿适宜高精度齿轮、齿轮加工刀具的精加工。

成形法磨齿中，砂轮的截面形状修正得与齿谷形状相同。磨齿时，砂轮高速旋转并沿工件轴线方向往复运动。一个齿磨削完成后，进行分度磨第二个齿，砂轮对齿轮的切入运动，由砂轮与安装工件的工作台做相对运动得到，机床运动简单。成形法磨齿受砂轮修整精度及机床分度精度的影响，加工精度偏低，一般为 6～5 级，所以实际中应用较少。

(2) 展成法齿轮加工方法

展成法加工齿轮时，轮齿表面的渐开线用展成法形成，具有较高的生产效率和加工精度。目前使用的大多数齿轮加工机床均采用展成法。

① 插齿法加工齿轮

插齿属于展成法加工，用插齿刀加工齿轮，是按照一对圆柱齿轮相啮合的原理进行加工的，如图 4-55 所示。主要用来加工内外啮合的圆柱齿轮，尤其适合于加工内齿轮和多联齿轮，而这些滚齿机无法加工。安装附件后，插齿机床还可以加工齿条，但插齿机不能加工蜗轮。

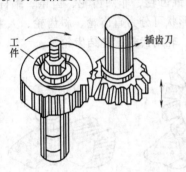

图 4-55 插齿原理

插齿刀插削直齿圆柱齿轮时，需要的运动较多，如图 4-56 所示。其主要运动形式如下：

a. 主运动。指插齿刀的上下往复运动。

b. 圆周进给运动。指插齿刀每往复一次其分度圆周所转过的弧长，反映插齿刀和齿坯转动的速度。

c. 径向进给运动。插齿刀要逐步切至全齿深，插齿刀每往复运动一次径向移动的距离。

d. 展成运动。插齿刀与工件之间按一定的速比保持一对齿轮啮合关系。

e. 让刀运动。为了避免插齿刀在返回行程中，刀齿与工件齿面发生摩擦，在插齿刀返回时，工件必须向外让开一定距离，当插齿刀向下开始切削时，工件又恢复原位。

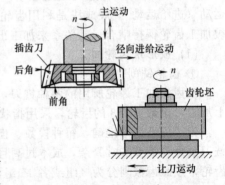

图 4-56 插齿运动

插齿的主要特点如下：

a. 插齿属于展成法加工，因此刀具选用时只要求模数和压力角与被切齿轮相同，而与齿数无关。故相比铣齿，可以节省大量刀具成本。

b. 插齿时，插齿刀有空行程，因此生产效率偏低。

c. 插齿与滚齿的加工精度基本相同，属于齿轮的粗加工，可以用于单件小批和成批大量生产方式。

　　d. 插齿刀的制造和检测比滚刀简单和方便，容易控制刀具精度，因此齿形精度较高。但由于插齿机的分齿传动链复杂，累积传动误差大，所以分齿精度略低。

　　e. 插齿除了加工普通直齿圆柱齿轮外，加工内齿轮、多联齿轮、轴向尺寸较大的齿轮轴等方面有很大优势。

　　② 滚齿法加工齿轮

　　滚齿加工同样也是根据展成法原理来加工齿轮的，是按一对螺旋齿轮相啮合的原理进行加工的，如图 4-57 所示。当其中一个螺旋角很大、齿数很少时，其轮齿变得很长，形成了蜗杆形。若这个蜗杆用高速钢等刀具材料制成，并在其螺旋线的垂直方向开出若干容屑槽，形成刀齿与切削刃，就变成了齿轮滚刀。

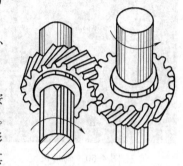

图 4-57　滚齿加工

　　滚齿加工时所需的运动与插齿相比，要简单许多，如图 4-58 所示。其运动形式如下：

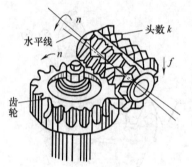

图 4-58　加工原理

　　a. 主运动。滚刀的高速旋转为滚齿主运动。

　　b. 展成运动。指滚刀与被切齿轮之间强制地按速比保持一对螺旋齿轮啮合关系的运动。

　　c. 垂直进给运动。为了在齿轮全齿宽上切出齿形，齿轮滚刀需要沿工件的轴向做进给运动。工件每转一转齿轮滚刀移动的距离，称为垂直进给量。

　　滚齿加工的工艺特点如下：

　　a. 滚齿获得的加工精度和插齿相当，都属于齿形粗加工。

　　b. 滚齿刀同样可以用同一模数的滚刀，加工出模数相同而齿数不同的齿轮，可以减少刀具成本，提高加工精度。

　　c. 滚齿法加工范围广，可以加工直齿轮、斜齿轮和蜗轮。

　　d. 滚齿加工没有空行程，加工效率高于插齿。

　　e. 滚齿分齿传动比插齿简单，分齿精度高于插齿。

　　f. 滚齿根据其工作特性，不能加工内齿圈、多联齿轮。

　　③ 剃齿

　　剃齿是在剃齿机上进行的一种齿轮精加工方法，所用的刀具为剃齿刀。主要用来加工插齿或滚齿后未经淬火处理的齿轮，进一步提高精度。图 4-59 所示为剃齿工作原理，齿坯安装在心轴上，心轴通过双顶尖安装在剃齿机工作台上，因此齿坯本身不能旋转。齿坯在工作过程中的旋转依靠剃齿刀带动，进行顺逆时针交替旋转。由于剃齿刀刀齿是螺旋状的，要使其与齿坯啮合，必须使剃齿刀轴线相对于齿坯轴线倾斜一个角度，大小等于剃齿刀的螺旋角。

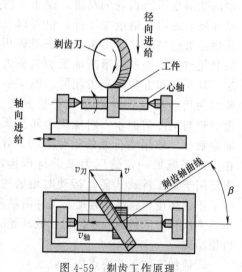

图 4-59　剃齿工作原理

剃齿主要提高齿轮的齿形精度和齿向精度，改善齿面质量。但不能修正分齿误差，只能在插齿和滚齿的基础上精度提高一个等级。剃齿机外形如图4-60所示，结构简单，生产率高，因此多用于大批量生产中。

④ 展成法齿轮磨削

用展成法原理磨削齿轮，有双碟形砂轮磨齿（如图4-61所示）和锥形砂轮磨齿（如图4-62所示）两大类。双碟形砂轮磨齿是利用砂轮的窄边同时磨削轮齿两侧的渐开线，为了磨削出全齿宽，工件沿轴向做往复进给运动。锥形砂轮磨齿时，砂轮被修成锥面，以构成假象的齿条的齿面，强制被加工齿轮与砂轮保持齿轮和齿条的啮合运动关系，使砂轮包络出渐开线齿形来。工件时而左转时而右转加工齿形的两侧，同时砂轮还沿被磨齿轮的齿宽做上下往复运动。

图 4-60　剃齿机

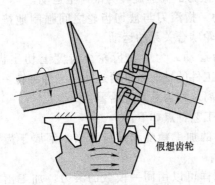

图 4-61　双碟形砂轮磨齿

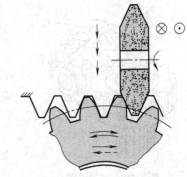

图 4-62　锥形砂轮磨齿

⑤ 珩齿法加工　淬火后的齿轮轮齿表面有氧化皮，影响齿面粗糙度，热处理的变形也影响齿轮的精度。由于工件已淬硬，除可用磨削加工外，也可以采用珩齿进行精加工。珩齿是珩齿机床用珩磨轮进行的一种齿形精加工和光整方法，其原理和方法与剃齿相同。图4-63所示为珩磨轮与工件之间的安装方式。珩磨轮与工件类似于一对螺旋齿轮呈无侧隙啮合，利用啮合处的相对滑动，并在齿面间施加一定的压力来进行珩齿，主要用于加工淬火齿轮。运动时珩磨轮带动工件高速正、反向转动，工件沿轴向往复运动及工件径向进给运动。与剃齿不同的是开车后一次径向进给到预定位置，故开始时齿面压力较大，随后逐渐减小，直到压力消失时珩齿便结束。

珩齿加工的工艺特点如下：

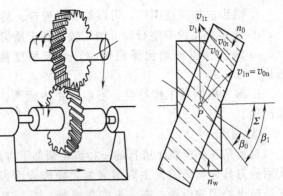

图 4-63　珩齿原理

a. 珩轮结构和磨轮相似，但珩齿速度比一般磨削低，加之磨粒粒度较细，珩轮弹性较大，故珩齿过程实际上是一种低速磨削、研磨和抛光的综合过程。

b. 珩齿时，齿面间隙沿齿向有相对滑动外，沿齿形方向也存在滑动，因而齿面形成复杂的网纹，提高了齿面质量，其粗糙度可从 $Ra1.6\mu m$ 降到 $Ra0.8\sim0.4\mu m$。

c. 珩轮弹性较大，对珩前齿轮的各项误差修正作用不强。因此，对珩轮本身的精度要求不高，珩轮误差一般不会反映到被珩齿轮上。

d. 珩轮主要用于去除热处理后齿面上的氧化皮和毛刺。珩齿余量一般不超过 $0.025mm$，珩轮转速达到 $1000r/min$ 以上，纵向进给量为 $0.05\sim0.065mm/r$。

e. 珩轮生产率甚高，一般一分钟珩一个，通过 $3\sim5$ 次往复即可完成。

f. 研齿加工是在研齿机床上对研轮对齿轮进行加工，加工原理与剃齿类似，都是利用轮齿啮合面之间的相对滑移进行加工。

如图 4-64 所示，研轮采用铸铁制成，加工时分布在被研齿轮周围。如研磨直齿轮，其中应有两个螺旋齿轮和一个直齿轮。被加工齿轮与三个研轮之间略带负荷，作无间隙的相互啮合运动，在啮合的齿面加入小粒度研磨剂。直齿轮与螺旋齿轮在啮合过程中会产生相对

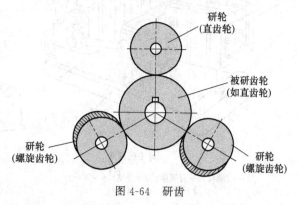

图 4-64　研齿

滑动，迫使研磨剂在齿面对被加工齿轮产生细微的切削作用。研齿只能降低齿面的表面粗糙度，不能提高齿形精度，因此只有齿轮要求很高的表面质量时才会采用。

4.8　其他切削方法概述

4.8.1　刨削和插削加工

刨削与插削的主运动都是直线运动，相应的机床都属直线运动机床。

刨削加工时，刀具的往复直线运动为主运动，工作台带动工件作间歇的进给运动，如图 4-65 所示。刨削可以加工平面、直槽以及母线为直线的成形面（键槽、花键槽、方孔、T形槽等）。

图 4-65　刨削加工平面

（1）刨削工艺特点

① 机床与刀具简单，通用性好　刨床结构简单，调整和操作较为方便。刨刀的制造和刃磨难度较小，加工成本低。

② 加工精度低　由于刨削为直线往复运动，切入、切出时有较大的冲击振动，影响了加工表面质量。

③ 生产率低　刨削的往复运动有空行程，而冲击又限制了刨削速度，因此刨削生产率低于铣削。但对于窄长平面的加工，刨削的生产率高于铣削。

④ 加工成本低　刨床的结构简单，刨刀制造成本低，因此刨削加工成本较低，在单件小批生产及修配工作中，而对于大型平面类零件，则主要以龙门刨床的刨削加工为主，而一般不会使用铣削。

(2) 刨床

刨床类机床主要有龙门刨床、牛头刨床、插床（立式刨床）。牛头刨床和龙门刨床如图4-66所示。

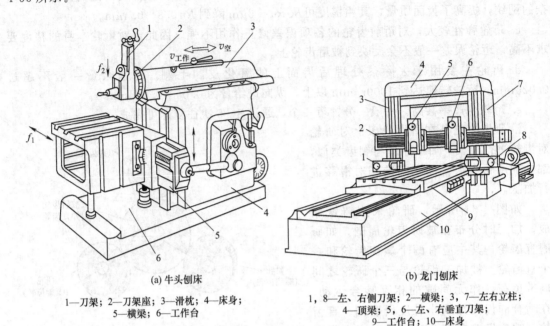

(a) 牛头刨床

1—刀架；2—刀架座；3—滑枕；4—床身；
5—横梁；6—工作台

(b) 龙门刨床

1, 8—左、右侧刀架；2—横梁；3, 7—左右立柱；
4—顶梁；5, 6—左、右垂直刀架；
9—工作台；10—床身

图 4-66　牛头刨床和龙门刨床

牛头刨床适于加工尺寸和质量较小的工件，龙门刨床是具有龙门式框架和卧式长床身的刨床，适于加工较大较长的工件，尤其适于加工长而窄的平面和沟槽，还可以在工作台上装夹多个零件同时加工。应用龙门刨床进行精密刨削，可以得到较高的精度和表面质量。

(3) 插床

插床实质上是立式刨床，其主运动是滑枕带动插刀沿垂直方向做直线往复运动。如图4-67所示为插床外形图。滑枕2可以带动刀具沿立柱的导轨做上下往复运动，向下为工作行程，向上为空行程。工作台1可做纵向、横向的进给运动，圆工作台还可绕垂直轴线回转完成圆周进给或进行分度。

图4-68所示为插削可以加工的部分零件类型。

图 4-67　插床

1—圆工作台；2—滑枕；3—滑枕导轨座；
4—销轴；5—分度装置；6—床鞍；7—滑板

4.8.2　拉削加工

拉削工艺是只有主运动而没有进给运动的加工工艺，是一种具有稳定的和较高加工精度的加工方法，加工表面良好，生产效率很高（尤其是对于复杂型面的加工），广泛用于汽车制造业，同时也应用于能源设备和飞机制造业中蜗轮盘类难加工材料连接部分的高精度加工。当拉刀相对工件作直线移动时，工件的加工余量由拉刀上逐齿递增尺寸的刀齿依次切除。按加工表面特征不同，拉削分为内拉削和外拉削，如图4-69所示。

内拉削用来加工各种截面形状的通孔和孔内通槽，如圆孔、方孔、多边形孔、花键孔、

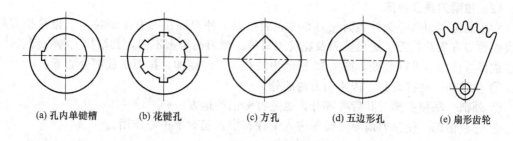

| (a) 孔内单键槽 | (b) 花键孔 | (c) 方孔 | (d) 五边形孔 | (e) 扇形齿轮 |

图 4-68 插削内表面加工

键槽孔、内齿轮等。拉削前要有已加工孔，让拉刀能从中插入。拉削的孔径范围为 8～125mm，孔深不超过孔径的 5 倍。特殊情况下，孔径范围可小到 3mm，大到 400mm，孔深可达 10m。

外拉削用来加工非封闭形表面，如平面、成形面、沟槽、榫槽、叶片榫头和外齿轮等，特别适合于在大量生产中加工比较大的平面和复合型面，如汽车和拖拉机的气缸体、轴承座和连杆等。拉削型面的尺寸精度可达 IT8～IT5，表面粗糙度为 $Ra2.5～0.04\mu m$，拉削齿轮精度可达 6～8 级。

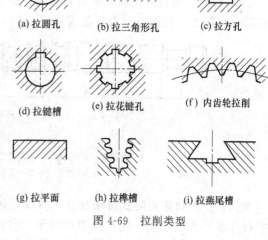

(a) 拉圆孔	(b) 拉三角形孔	(c) 拉方孔
(d) 拉键槽	(e) 拉花键孔	(f) 内齿轮拉削
(g) 拉平面	(h) 拉榫槽	(i) 拉燕尾槽

图 4-69 拉削类型

（1）拉削工艺特点

① 拉刀是多刃刀具，在一次拉削行程中就能顺序完成孔的粗加工、精加工和精整、光整加工工作，生产效率高，通常是铣削的 3～8 倍，主要用于大批量生产。

② 拉孔精度主要取决于拉刀的精度，拉削加工切屑薄，切削运动平稳，因而有较高的加工精度和较小的表面粗糙度。在通常条件下，拉孔精度可达 IT9～IT7，表面粗糙度可达 $Ra6.3～1.6\mu m$。

③ 拉孔时，工件以被加工孔自身定位（拉刀前导部就是工件的定位元件），拉孔不易保证孔与其他表面的相互位置精度；对于那些内外圆表面具有同轴度要求的回转体零件的加工，往往都是先拉孔，然后以孔为定位基准加工其他表面。

④ 拉刀不仅能加工圆孔，而且还可以加工成形孔、花键孔等，但不能拉削台阶孔和盲孔。

⑤ 拉刀是定尺寸刀具，形状结构复杂、价格昂贵，不适合于加工大孔。

⑥ 拉削每一种表面都需要专门的拉刀，拉孔常用在大批量生产中加工孔径为 $\phi10～80mm$、孔深不超过孔径 5 倍的中小零件上的通孔。

⑦ 拉削一般采用润滑性能较好的切削液，例如切削油和极压乳化液等。在高速拉削时，切削温度高，常选用冷却性能好的化学切削液和乳化液。如果采用内冷却拉刀将切削液高压喷注到拉刀的每个容屑槽中，则对提高表面质量、降低刀具磨损和提高生产效率都有良好的效果。

（2）拉削刀具及拉床

常用的拉削刀具分为外表面拉刀和内表面拉刀。外表面拉刀有平面拉刀、齿轮拉刀等。内表面拉刀有圆孔拉刀、键槽拉刀及花键拉刀等。拉刀的类型不同，其结构上各有特点，但其组成部分依然有共同之处，图4-70所示为圆孔拉刀的结构。拉刀组成部分如下：

① 前柄部　夹持刀具、传递动力的部分。

② 颈部　联接头部与其后各部分，也是打标记的地方。

③ 过渡锥部　使拉刀前导部易于进入工件孔中，起对准中心作用。

④ 前导部　工件以前导部定位进行切削。

⑤ 切削齿　担负切削工作，包括粗切齿、过渡齿与精切齿三部分。

⑥ 校准齿　校准和刮光已加工表面。

⑦ 后导部　在拉刀工作即将结束时，由后导部继续支承住工件，防止因工件下垂而损坏刀齿和碰伤已加工表面。

⑧ 后柄部　当拉刀又长又重时，为防止拉刀因自重下垂，增设支承部，由它将拉刀支承在滑动托架上，托架与拉刀一起移动。

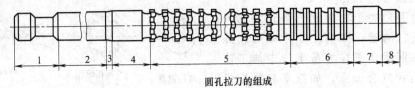

圆孔拉刀的组成

图4-70　圆孔拉刀

1—前柄部；2—颈部；3—过渡锥；4—前导部；5—切削齿；

6—校准齿；7—后导部；8—后柄部

常用的拉削机床有卧式拉床和立式拉床，如图4-71所示。电动机通过驱动液压泵使活塞拉杆作水平直线运动，实现拉刀相对于工件的直线运动。拉杆一端带刀夹，用来夹持拉刀。拉刀随拉杆移动通过工件而拉削出所需孔形。

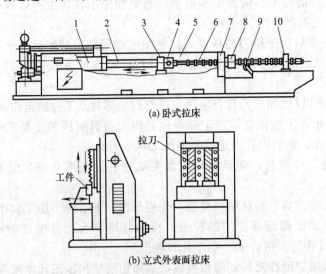

(a) 卧式拉床

(b) 立式外表面拉床

图4-71　拉床

1—液压缸；2—活塞杆；3—随动支架；4—刀夹；5—床身；6—拉刀；

7—支承座；8—工件；9—支承滚柱；10—拉刀尾部支架

思考题

1. 切削加工中切削用量三要素是什么？如何定义？
2. 简述切削加工中刀具切削部分的结构及定义。
3. 简述切削加工中金属切削刀具材料的性能要求及常用刀具材料。
4. 简述车削加工方法及车削加工工艺特点。
5. 简述切削加工中铣削方式及工艺特点。
6. 切削加工中孔加工方法有哪些？
7. 切削加工中磨削的工艺特点有哪些？
8. 切削加工中齿轮加工方法有哪些？

第5章 金属材料成型

5.1 金属液态成型

金属的凝固成型是将液态金属浇注到与构件形状和尺寸相适应的铸型型腔中，冷却后得到毛坯或零件的方法。此铸造方法可以获得形状复杂的构件，但尺寸精度不高和表面质量较低，且构件内部易出现气孔、砂眼、缩孔和缩松及结晶后出现晶粒粗大等缺陷。

铸造可按金属液的浇注工艺分为重力铸造和压力铸造。重力铸造是指金属液在地球重力作用下注入铸型的工艺，也称浇铸。广义的重力铸造包括砂型浇铸、金属型浇铸、熔模铸造、泥模铸造等；狭义的重力铸造专指金属型浇铸。压力铸造是指金属液在其他外力（不含重力）作用下注入铸型的工艺。广义的压力铸造包括压铸机的压力铸造和真空铸造、低压铸造、离心铸造等；狭义的压力铸造专指压铸机的金属型压力铸造，简称压铸。

5.1.1 砂型铸造

砂型铸造是将液态金属浇入砂型经冷凝后获得铸件的方法。

(1) 砂型铸造的工艺过程

砂型铸造是一种以砂作为主要造型材料，制作铸型的传统铸造工艺，具体工艺过程如图5-1所示。

(2) 砂型铸造的造型方法

砂型铸造常用的造型方法分为手工造型和机器造型。

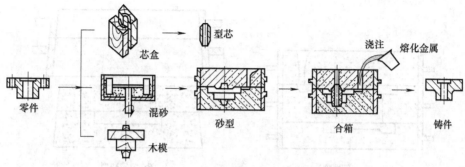

图 5-1　砂型铸造工艺过程

① 手工造型

手工造型按模型特征分为整模造型、分模造型、活块造型、刮板造型、成型底板造型和挖砂造型等，如图 5-2 所示；按砂箱特征分为两箱造型、三箱造型、地坑造型、脱箱造型等，如图 5-3 所示。

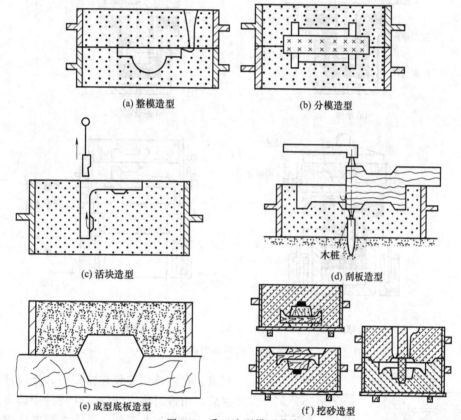

图 5-2　手工造型模型分类

② 机器造型

目前机器造型绝大部分是以压缩空气为动力来紧实型砂的，主要有压实、振实、振压、抛砂等基本方式，其中以主要用于中小铸型制造的振压式应用最广，其工作过程如图 5-4 所示。型砂紧实以后，就要从型砂中顺利起出模样，使砂箱内留下完整的型腔。

(3) 型芯

俗称"泥芯""芯子"。铸造时用以形成铸件内部结构，常由原砂和黏结剂（水玻璃、树脂等）配成的芯砂，在芯盒中手工或机器（如吹芯机、射芯机等）制成。芯盒用木材或金属

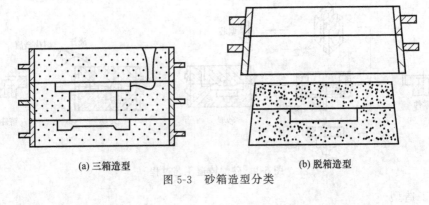

(a) 三箱造型　　　　　　　　(b) 脱箱造型

图 5-3　砂箱造型分类

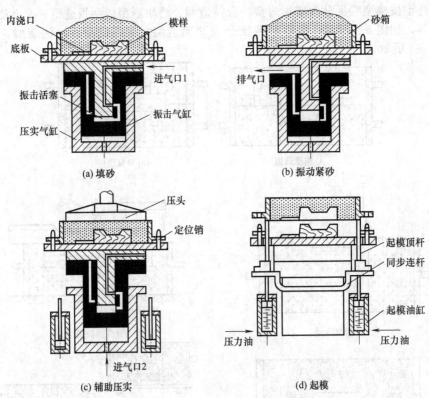

(a) 填砂　　　　　　　　　　(b) 振动紧砂

(c) 辅助压实　　　　　　　　(d) 起模

图 5-4　机器造型流程

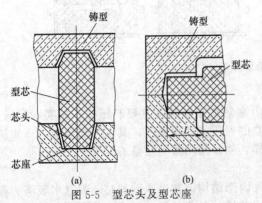

(a)　　　　　　(b)

图 5-5　型芯头及型芯座

制成。在浇铸前装置在铸型内，金属液浇入冷凝后，出砂时将它清除，在铸件中即可形成空腔。为增加型芯强度，通常在型芯内安置由铁丝或铸铁制成的骨架，称"芯骨"（俗称"泥芯骨"或"芯铁"）。在金属型铸造中，常用金属制的型芯，在金属凝固后及时拔除。在成批或大量生产较复杂的铸件（如气缸头等）、生产大型铸件时，型芯亦用以组成铸型，即称"组芯造型"。现在，小批量生产铸件用自硬树脂、自硬水玻璃组作型芯黏结剂，大批量生产铸件用热芯盒、冷芯盒、覆膜砂工艺做型芯。

（4）型芯头与型芯座

型芯头用于型芯的定位并起排气作用；型芯座用于型芯头的安装，如图5-5所示。

5.1.2　特种铸造

砂型铸造以外的铸造方法统称为特种铸造。不同的铸造方法适应于不同的材质或不同类型的铸件。

（1）熔模铸造

用蜡料做模样时，熔模铸造又称"失蜡铸造"。熔模铸造通常是指在易熔材料制成模样，在模样表面包覆若干层耐火材料制成型壳，再将模样熔化排出型壳，从而获得无分型面的铸型，经高温焙烧后即可填砂浇注的铸造方案。由于模样广泛采用蜡质材料来制造，故常将熔模铸造称为"失蜡铸造"。

可用熔模铸造法生产的合金种类有碳素钢、合金钢、耐热合金、不锈钢、精密合金、永磁合金、轴承合金、铜合金、铝合金、钛合金和球墨铸铁等。

① 熔模铸造的工艺流程

熔模铸造的工艺流程如图5-6所示。

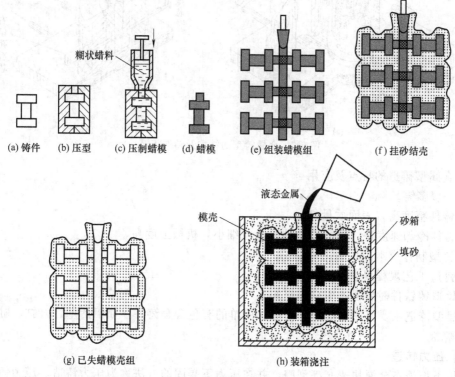

图5-6　熔模铸造工艺流程

② 熔模铸造的特点和应用

a. 可铸出形状复杂的薄壁件，使铸件机加工量减少，提高了金属的利用率。

b. 铸件表面光洁，并且尺寸精度高。

c. 型壳的耐火度高，能够适于高熔点合金的铸造。

d. 铸件的批量不受限制。

e. 工序比较复杂，生产周期长。

f. 铸件重量不能过大，一般小于 25kg。

熔模铸造可应用于批量生产形状复杂、精度要求高或难以进行切削加工的小型零件，如汽轮机叶片、大模数滚刀等。

（2）金属型铸造

金属型铸造又称硬模铸造，它是将液体金属浇入金属铸型，以获得铸件的一种铸造方法。铸型是用金属制成，可以反复使用多次（几百次到几千次）。金属型铸造目前所能生产的铸件，在重量和形状方面还有一定的限制，如对黑色金属只能是形状简单的铸件；铸件的重量不可太大；壁厚也有限制，较小的铸件壁厚无法铸出。金属型和砂型，在性能上有显著的区别，如砂型有透气性，而金属型则没有；砂型的导热性差，金属型的导热性很好，砂型有退让性，而金属型没有。

① 金属铸型的结构及铸造工艺　金属铸型的结构及铸造工艺如图 5-7 所示。

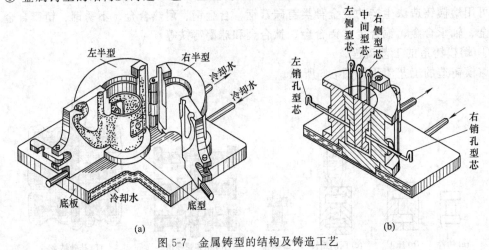

图 5-7　金属铸型的结构及铸造工艺

② 金属型铸造的特点及应用

a. 一型多铸。

b. 铸件精度高，表面质量好。

c. 铸件冷却速度快，凝固后铸件的晶粒细小，机械强度高。

d. 铸型制作成本高，加工周期长。

e. 铸造工艺规程要求严格。

f. 铸造铸铁件时容易产生白口组织。

金属型铸造主要应用于批量大而形状简单的有色合金铸件，如铝活塞、气缸、缸盖、油泵壳体等。

（3）压力铸造

高压下把液态金属快速充满型腔，并在压力下凝固的方法称为压力铸造。压力铸造的铸型为金属铸型，在压铸机上完成铸造过程，压铸机分为立式和卧式两种，压力一般为 50～150MPa。

① 压力铸造的工艺过程

图 5-8 所示为卧式压铸机工作过程的示意图。铸型合型后定量注入金属液体到压室中，压射活塞将金属液压入铸型，并保持压力。金属凝固后，压射活塞返回，动型移开，顶出机构将铸件顶出。

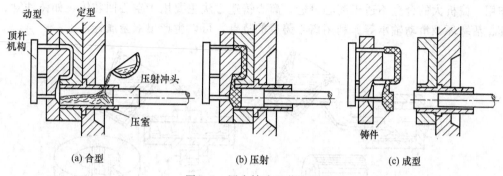

图 5-8　压力铸造工艺流程

② 压力铸造的特点及应用

金属液体在高速、高压下注入型腔，充型能力强，可铸出形状复杂、轮廓清晰的薄壁铸件。铸件的尺寸精度高，表面质量好，一般不需机械加工可直接使用。液体在压力下凝固，铸件的组织结构细密，强度高。压力铸造的生产效率高，劳动条件好。

压力铸造方法存在设备投资大，铸型制造成本高，加工周期较长，铸型因工作条件恶劣而易损坏的缺点。因此压力铸造主要用于大批量生产低熔点合金的中小型铸件，如汽车、拖拉机、航空、仪表、电器等方面的零件。

（4）低压铸造

① 低压铸造的方法

低压铸造是把铸型安放在密封的坩埚上方，坩埚中通以压缩空气，在金属液体表面形成 $60 \sim 150 kPa$ 的较低压力，使金属液通过升液管充填铸型的铸造方法，如图 5-9 所示。

② 低压铸造的特点及应用

低压铸造的铸型一般采用金属铸型，铸造压力介于金属型铸造和压力铸造之间，多用于生产有色金属铸件。由于充型压力低，液体进入型腔的速度容易控制，充型较为平稳，对铸型型腔的冲刷作用较小。液体金属在一定的压力下结晶，对铸件有一定补缩作用，故铸件组织致密，强度高。与压力铸造方法相比，低压铸造的设备投资较少。因此，低压铸造广泛用于大批量生产铝合金和镁合金铸件，如发动机的缸体和缸盖、内燃机活塞等。

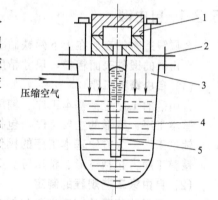

图 5-9　低压铸造示意图
1—铸型；2—密封盖；3—坩埚；4—金属液体；5—升液管

（5）离心铸造

① 离心铸造的方法

将液态金属注入高速旋转的特定铸型中，利用离心力使液态金属填充铸型的方法称为离心铸造。离心铸造必须在离心铸造机上进行，工作原理如图 5-10 所示，按铸型旋转轴线的空间位置不同，离心铸造分为立式和卧式两种。

② 离心铸造的特点及应用

对于空心铸件，离心铸造不需型芯，不需要专门的浇注系统和冒口，金属的利用率高。在离心力作用下，金属液体中的气体和夹杂物因密度小而集中在铸件内表面，有利于通过机械加工，去除内表面的上述缺陷。结晶时液体金属由外及内顺序凝固。因此，铸件组织结构致密，无缩孔、气孔、夹渣等缺陷。但是铸件内孔尺寸误差大，内表面质量差。由于离心力的作用，偏析大的合金不适于离心铸造。离心铸造方法主要用于空心回转体，如铸铁管、气缸套、活塞环及滑动轴承等。利用离心铸造的特点，可以生产出双金属铸件。

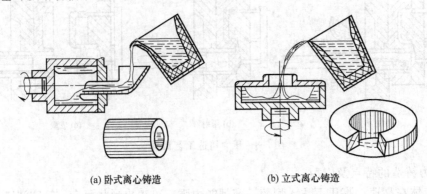

(a) 卧式离心铸造　　　　　　　　　(b) 立式离心铸造

图 5-10　离心铸造

5.2　金属塑性成型

　　锻造是一种利用锻压机械对金属坯料施加压力，使其产生塑性变形以获得具有一定机械性能、一定形状和尺寸锻件的加工方法，是锻压（锻造与冲压）的两大组成部分之一。通过锻造能消除金属在冶炼过程中产生的铸态疏松等缺陷，优化微观组织结构，同时由于保存了完整的金属流线，锻件的机械性能一般优于同样材料的铸件。相关机械中负载高、工作条件严峻的重要零件，除形状较简单的可用轧制的板材、型材或焊接件外，多采用锻件。

5.2.1　自由锻

　　金属锻造时的变形在上下两铁砧之间自由流动的变形称为自由锻。

　　自由锻的锻件表面粗糙，尺寸精度差，生产效率低，适于单件或小批量生产。

(1) 自由锻的工序

　　自由锻的工序包括基本工序、辅助工序、精整工序。

　　基本工序：变形的主要工序，包括镦粗、拔长、冲孔、切割、扭转、错移等。

　　辅助工序：为方便基本工序的操作所设置的工序，包括压钳口、倒棱、压肩等。

　　精整工序：包括整形、精压等。

(2) 自由锻工艺规程的制定

　　自由锻工艺规程的制定主要包括绘制锻件图、确定锻造工序、计算坯料尺寸等，同时也要考虑锻造的锻造比、加热范围、锻造设备和辅助工具等。

　　① 自由锻件图的绘制　自由锻的锻件图包括锻件的各部尺寸、机械加工余量、简化锻件的敷料、锻件的公差等内容。其中敷料又称余块，是为了简化锻件的形状而添加的金属部分。

　　② 确定锻造工序　锻件形状不同，锻造工序也不相同。盘类件一般需要以镦粗为主的锻造工序，轴类件需要以拔长为主的锻造工序。

　　③ 坯料尺寸的计算　根据锻件塑性变形前后的体积不变定律，按照锻件图中锻件的形状和尺寸，可以确定坯料质量的大小。

　　计算锻件质量时还要考虑夹持钳口部分的质量大小，有关钳口参数需查阅相关手册。根据已计算出的锻件质量大小，可以确定出原始坯料的尺寸。

　　由原始坯料的尺寸和锻件尺寸，可以计算出锻件的锻造比。经过轧制的碳钢锻件，一般将锻造比控制在1.3～1.5。典型锻件如图5-11所示。

5.2.2　模型锻造

迫使坯料在一定形状的锻模模膛内产生塑性流动成形的方法称为模锻。模锻的生产效率、允许锻件的复杂程度、尺寸精度、表面质量均高于自由锻。

（1）模锻方法

模型锻造分为锤上模锻、压力机上模锻等。锤上模锻打击速度快，应用较多，如图5-12所示。压力机上模锻时，变形缓慢，适于塑性较差的锻件。

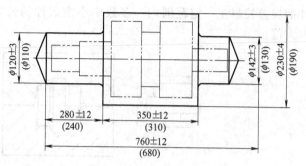

图5-11　典型锻件图

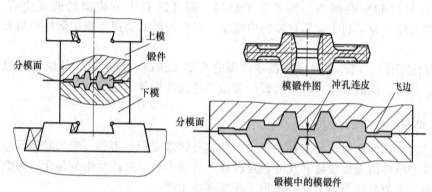

图5-12　锤上锻模

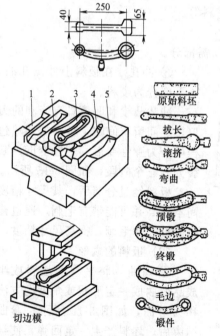

图5-13　弯曲连杆锻模

1—拔长镗模；2—滚挤镗模；3—终锻镗模；4—预锻镗模；5—弯曲镗模

模膛按功能不同，分为制坯模膛和模锻模膛。

① 制坯模膛　为了使金属易于充满模膛，对形状复杂的锻件，预先将坯料在制坯模膛内制坯，使坯料逐步接近锻件的形状。制坯过程时根据坯件形状的需要，分别有拔长、滚挤、镦粗、弯曲等模膛。

② 模锻模膛　包括预锻模膛和终锻模膛。终锻模膛与锻件的形状和尺寸基本一致，设有飞边槽。为了减少终锻模膛的磨损，保证锻坯的最后成形，采用预锻模膛，从而使锻坯的形状和尺寸接近锻件的形状和尺寸。图5-13所示为弯曲连杆的锻模图。

（2）模锻工艺规程的制定

模锻工艺规程包括分模面、锻件敷料、机械加工余量、锻件公差的确定及绘制模锻锻件图。

① 分模面的选取　上下模分开面应选在锻件的最大水平截面上。模膛不要太深，模膛位于中心，敷料最少，分模面尽量为平面，如图5-14所示。

② 模锻件加工余量和公差的确定　机加工构件的表面，必须留机械加工余量。多数中小模锻件的机加工余量为1～4mm，锻件尺寸越大，余量取值越大。

模锻时模膛因磨损、测量误差等引起的锻件尺寸误差，需要确定锻件的公差，以便将锻件尺寸的误差控制在一定范围内。多数中小模锻件的公差在 0.3～3mm 范围。模锻件较大时，取大值。

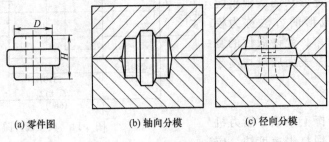

(a) 零件图　　　　(b) 轴向分模　　　　(c) 径向分模

图 5-14　锻件分型面选取

③ 模锻斜度和模锻圆角。为了易于出模，锻件垂直于分模面的侧面应有一定的斜度——模锻斜度。为了利于金属在模膛内流动，减少锻模的磨损，需把锻件转角处均设计为圆角。

④ 模锻件图的绘制。模锻件图在零件图的基础上绘制，包括锻件分模面的选取、机械加工余量、敷料、模锻斜度和圆角、锻件公差、冲孔连皮等。

5.2.3　冲压

冲压是指利用冲模对板料施加冲压力，使其分离或变形，得到一定形状和尺寸制品的加工方法。冷冲压件的表面质量和尺寸精度较高，冷变形时又可产生形变强化。根据冲压作用不同，冲压分为板料的分离工序和成形工序等基本工序。

(1) 板料的分离

分离工序（冲裁工序）包括板料的切断、冲孔和落料等。

① 切断　将板料沿不封闭边界切下的方法。

② 落料　将板料沿封闭轮廓切下，落下的部分为所需部分。

③ 冲孔　在板料上冲出孔洞，落下部分为废料。

冲裁凸模和凹模具有锋利的刃口，之间留有间隙，板料的冲裁过程可分为弹性变形、塑性变形、断裂分离三个阶段，如图 5-15 所示。

板料经过分离后，其尺寸精度尚不够高并可能带有毛刺，通过修整能够去除毛刺，提高尺寸精度。

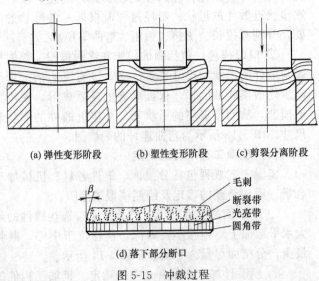

(a) 弹性变形阶段　　(b) 塑性变形阶段　　(c) 剪裂分离阶段

毛刺
断裂带
光亮带
圆角带

(d) 落下部分断口

图 5-15　冲裁过程

(2) 板料的成形

① 弯曲　将平直的坯料或半成品弯曲成一定形状或角度的方法称为弯曲，如图 5-16 所示。弯曲结束后，坯料产生一定回弹，使被弯曲的角度变大——回弹现象。为了抵消回弹的影响，可以适当增加变形角度，一般回弹角为 0°～10°。弯曲半径过小，弯曲

处的外沿塑性变形严重，将会造成材料开裂，因而对弯曲件必须限制弯曲半径。最小弯曲半径与坯料的厚度有关。最小弯曲半径

r_{min} 为 $(0.25\sim1)S$，其中 S 为板料厚度。如果材料的塑性较大，最小弯曲半径可适当减小。

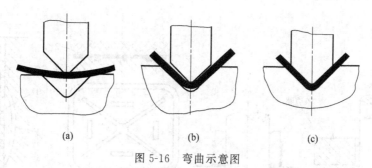

图 5-16 弯曲示意图

② 拉深 利用拉深模具将板料冲压成为一端开口空心件的方法，如图 5-17 所示。深度较大时，要经多次拉深。为避免一次拉深量过大，产生开裂，需对每次的拉深量进行限制，即由拉深系数控制。对于圆形件，拉深系数为拉深后直径与拉深前直径的比值，其取值范围为 $0.5\sim0.8$。

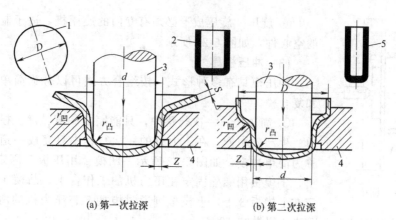

(a) 第一次拉深　　　　(b) 第二次拉深

图 5-17 板料拉深

$$m=\frac{d_1}{d_0}$$

式中，m 为拉深系数；d_1 为拉深后的直径；d_0 为拉深前的直径。

多次拉伸时，为减轻形变强化的影响，可以穿插进行再结晶退火。拉深易出现的缺陷为褶皱、拉穿，如图 5-18 所示。

可采用压边圈防止褶皱，如图 5-19 所示。

③ 压筋 起伏是对材料进行较浅的变形，是形成局部凹下与凸起的成形方法，常用于冲压加强筋和花纹等，如图 5-20 所示。

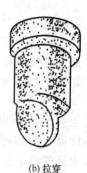

(a) 褶皱　　　　(b) 拉穿

图 5-18 拉深件废品

④ 翻边 将坯料孔的边缘或其外缘翻出一定高度的方法称为翻边。翻边的变形量由翻边系数控制，为翻边前孔径与翻边后孔径的比值，翻边系数愈小，变形量愈大。

⑤ 胀形 利用弹性物质作为成形的凸模，板料在胀形的作用下受到扩张，沿凹模成形的方法，如图 5-20 所示。

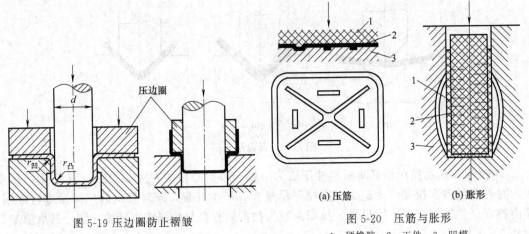

图 5-19 压边圈防止褶皱　　图 5-20 压筋与胀形

(a) 压筋　　(b) 胀形

1—硬橡胶；2—工件；3—凹模

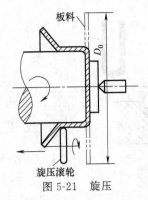

图 5-21 旋压

⑥ 旋压 旋压成形必须有专门的旋压机，适于制造数量较少的空心件，如图 5-21 所示。

(3) 冲压模具

冲压模具有多种形式，按组合方式可以分为简单模、连续模和复合模。

① 简单模 一次行程中，只能完成一道工序。模具的结构简单、生产效率低。在压力机的一次行程中只完成一道工序的模具称为简单冲模，如图 5-22 所示。凹模 2 用压板 7 固定在下模板 4 上，下模板用螺栓固定在压力机的工作台上，凸模 1 用压板 6 固定在上模板 3 上，上模板则通过模柄 5 与压力机的滑块连接。因此，凸模可随滑块做上下运动，用导柱 12 和套筒 11 使凸模向下运动能对准凹模孔，并使凸凹模间保持均匀间隙。工作时，条料在凹模上沿两个导板 9 之间送进。

② 连续模 一次行程中，在不同工位上同时完成两个以上的工序。由于坯料在不同工位分别定位，因定位次数多而精度较低。其效率高于简单模。连续模进模前后如图 5-23 所示。

③ 复合模 一次行程中，在同一个工位上完成两个以上的工序。定位次数少，精度高，但结构复杂。适于批量大、精度要求高的冲压件，如图 5-24 所示。

(4) 冲压件的结构工艺性

① 冲裁件的形状要尽量简单、对称，

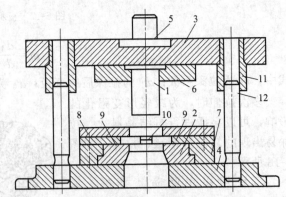

图 5-22 简单冲模

1—凸模；2—凹模；3—上模板；4—下模板；
5—模柄；6—压板；7—压板；8—卸料板；
9—导板；10—定位销；11—套筒；12—导柱

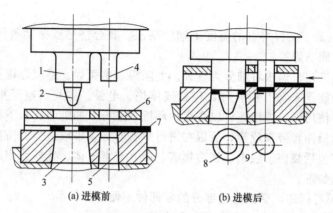

(a) 进模前　　　　　　　　　　(b) 进模后

图 5-23　连续模

1—落料凸模；2—定位销；3—落料凹模；4—冲孔凸模；5—冲孔凹模；6—卸料板；7—坯料；8—成品；9—废料

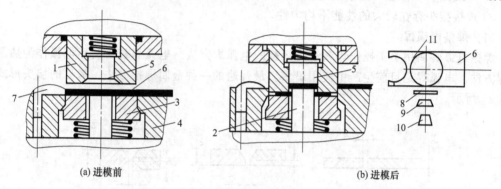

(a) 进模前　　　　　　　　　　(b) 进模后

图 5-24　复合模

1—凸凹模；2—拉深凸模；3—压板（卸料器）；4—落料凹模；5—顶出器；
6—条料；7—挡料销；8—坯料；9—拉深件；10—零件；11—切余材料

凸凹部位不能过深和太狭窄，孔间距或孔离边沿不宜太近，孔的直径不宜过小。

② 冲裁件的外形要利于充分利用材料。

③ 弯曲件的弯曲半径不要小于"最小弯曲半径"，弯曲时的弯曲轴线应垂直于坯料的纤维方向。

④ 弯曲带孔件时，孔不可太靠近弯曲部位；弯曲件的弯曲边高不宜太小。

⑤ 拉深件的形状要简单、对称不宜过深，拉深件的转弯处要有过渡圆角。

⑥ 对复杂冲压件采用分体组合方案，以简化工艺。

5.3　金属连接成型

5.3.1　焊接方法

焊接也称作熔接、镕接，是一种以加热、高温或者高压的方式接合金属或其他热塑性材料如塑料的制造工艺及技术。焊接通过下列三种途径达成接合的目的。

① 加热欲接合工件使之局部熔化形成熔池，熔池冷却凝固后便接合，必要时可加入熔填物辅助。

② 单独加热熔点较低的焊料，无需熔化工件本身，借焊料的毛细作用连接工件，如软

钎焊、硬焊。

③ 在相当于或低于工件熔点的温度下辅以高压、叠合挤塑或振动等使两工件间相互渗透接合，如锻焊、固态焊接。

依具体的焊接工艺，焊接可细分为气焊、电阻焊、电弧焊、感应焊接及激光焊接等其他特殊焊接。焊接的能量来源有很多种，包括气体焰、电弧、激光、电子束、摩擦和超声波等。除了在工厂中使用外，焊接还可以在多种环境下进行，如野外、水下和太空。无论在何处，焊接都可能给操作者带来危险，所以在进行焊接时必须采取适当的防护措施。焊接给人体可能造成的伤害包括烧伤、触电、视力损害、吸入有毒气体、紫外线照射过度等。

焊接件的特点如下：

① 焊接结构不可拆卸，更换修理部分的零部件不便。

② 焊接结构容易引起较大残余应力和焊接变形。

③ 焊接接头中存在一定数量的缺陷，如裂纹、夹渣、气孔、未焊透等。

④ 焊接接头存在较大的性能不均匀性。

(1) 焊条电弧焊

焊条电弧焊属用手工操作焊条进行焊接的电弧焊方法。电弧焊是指利用电弧作为热源的熔焊方法。电弧焊是目前生产中应用最多、最普遍的一种金属焊接方法。常见的接头形式如图 5-25 所示。

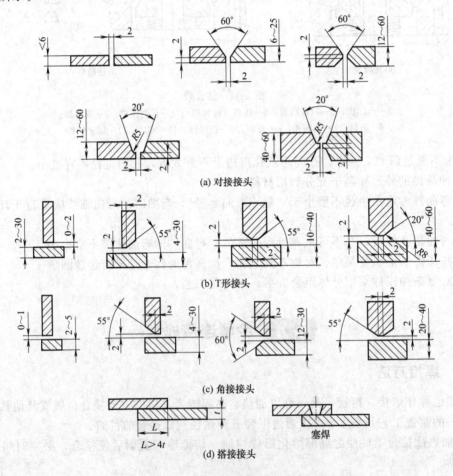

图 5-25　焊条电弧焊接头形式

（2）埋弧焊

埋弧焊（含埋弧堆焊及电渣堆焊等）是一种电弧在焊剂层下燃烧进行焊接的方法。其固有的焊接质量稳定、焊接生产率高、无弧光及烟尘很少等优点，使其成为压力容器、管段制造、箱型梁柱等重要钢结构制作中的主要焊接方法。其焊接过程如图 5-26 所示。

（3）氩弧焊

氩弧焊技术是在普通电弧焊的原理的基础上，利用氩气对金属焊材的保护，通过高电流使焊材在被焊基材上融化成液态形成熔池，使被焊金属和焊材达到冶金结合的一种焊接技术，由于在高温熔融焊接中不断送上氩气，使焊材不能和空气中的氧气接触，从而防止了焊材的氧化，因此

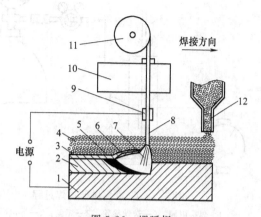

图 5-26　埋弧焊

1—焊件；2—焊缝；3—渣壳；4—焊剂；5—熔池；
6—熔渣；7—电弧；8—焊丝；9—导电嘴；10—焊
接机头；11—焊丝盘；12—焊剂漏斗

可以焊接不锈钢、铁类五金金属。氩弧焊按照电极的不同分为熔化极氩弧焊和非熔化极氩弧焊两种，如图 5-27 所示。

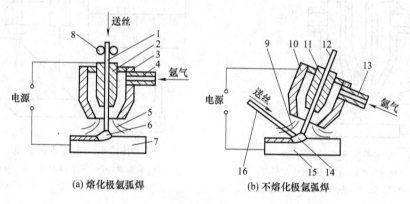

(a) 熔化极氩弧焊　　　　　(b) 不熔化极氩弧焊

图 5-27　氩弧焊示意图

1,16—焊丝；2,11—导电嘴；3,10—喷嘴；4,13—进气管；5,9—气流；
6,14—电弧；7,15—焊件；8—送丝轮；12—钨棒

（4）二氧化碳气体保护焊

二氧化碳气体保护焊是焊接方法中的一种，是以二氧化碳气为保护气体进行焊接的方法。在应用方面操作简单，适合自动焊和全方位焊接。在焊接时不能有风，适合室内作业。目前已成为黑色金属材料最重要焊接方法之一，如图 5-28 所示。

（5）等离子弧焊

等离子弧切割是一种常用的金属和非金属材料切割工艺方法。它利用高速、高温和高能的等离子气流来加热和熔化被切割材料，并借助内部的或者外部的高速气流或水流将熔化材料排开直至等离子气流束穿透背面而形成割口，如图 5-29 所示。

（6）激光焊

激光焊接是激光材料加工技术应用的重要方面之一。20 世纪 70 年代主要用于焊接薄壁

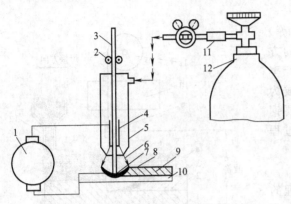

图 5-28 CO_2 气体保护焊过程

1—焊接电源；2—送丝滚轮；3—焊丝；4—导电嘴；
5—喷嘴；6—CO_2 气体；7—电弧；8—熔池；9—焊缝；
10—焊件；11—预热干燥器；12—CO_2 气瓶

材料和低速焊接，焊接过程属热传导型，即激光辐射加热工件表面，表面热量通过热传导向内部扩散，通过控制激光脉冲的宽度、能量、峰值功率和重复频率等参数，使工件熔化，形成特定的熔池。由于其独特的优点，已成功应用于微型、小型零件的精密焊接中，如图 5-30 所示。

其他常用的焊接方法还有摩擦焊、对焊、钎焊等。

5.3.2 其他连接成型方法

(1) 机械连接

常见的机械连接有螺纹连接及铆接等，如图 5-31 所示。

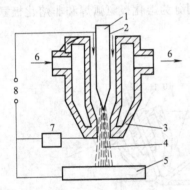

图 5-29 等离子弧发生装置示意

1—钨极；2—等离子气；3—喷嘴；4—等离子弧；
5—焊件；6—冷却水；7—限流电阻；8—电源

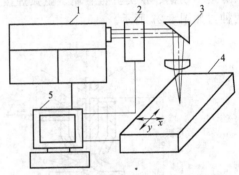

图 5-30 激光焊示意图

1—激光器；2—光束检测仪；3—偏传聚焦系统；4—工作台；5—控制系统

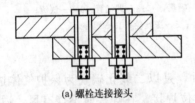

(a) 螺栓连接接头

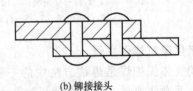

(b) 铆接接头

图 5-31 螺栓、铆钉连接

(2) 胶接

胶接（Bonding）是利用在连接面上产生的机械结合力、物理吸附力和化学键合力而使两个胶接件连接起来的工艺方法。胶接不仅适用于同种材料，也适用于异种材料。胶接工艺简便，不需要复杂的工艺设备，胶接操作不必在高温高压下进行，因而胶接件不易产生变形，接头应力分布均匀。在通常情况下，胶接接头具有良好的密封性、电绝缘性和耐腐蚀性。

思考题

1. 金属液态成型方法有哪些并做一简单介绍。
2. 简述砂型铸造和特种铸造的特点。
3. 简述熔模铸造的特点和应用。
4. 铸造成型的浇注系统由哪几部分组成，其功能是什么？
5. 金属塑性成型方法有哪些并做一简单介绍。
6. 金属连接成型方法有哪些并做一简单介绍。

第6章 特种加工与快速原型制造

教学目标

1. 了解特种加工及其实质；
2. 了解电火花加工的方法、工艺和机床；
3. 了解快速原型制造的原理。

本章重点

特种加工方法和快速原型制造。

本章难点

快速原型制造的机理。

6.1 特 种 加 工

6.1.1 概述

随着科学技术、工业生产的发展及各种新兴产业的涌现，工业产品的内涵和外延都在扩大，正向着高精度、高速度、高温、高压、大功率、小型化、环保（绿色）化及人本化方向发展。制造技术本身也应适应这些新的要求而发展，传统机械制造技术和工艺方法面临着更多、更新、更难的问题。体现在以下几个方面。

① 新型材料及传统的难加工材料 如碳素纤维增强复合材料、工业陶瓷、硬质合金、钛合金、耐热钢、镍合金、钨钼合金、不锈钢、金刚石、宝石、石英以及锗、硅等各种高硬度、高强度、高韧性、高脆性、耐高温的金属或非金属材料的加工。

② 各种特殊复杂表面 如喷气涡轮机叶片、整体涡轮、发动机机匣和锻压模的立体成型表面，各种冲模冷拔模上特殊断面的异型孔，炮管内膛线，喷油嘴、棚网、喷丝头上的小孔、窄缝、特殊用途的弯孔等的加工。

③ 各种超精、光整或具有特殊要求的零件 如对表面质量和精度要求很高的航天、航空陀螺仪，伺服阀，以及细长轴、薄壁零件、弹性组件等低刚度零件的加工。

上述工艺问题仅仅依靠传统的切削加工方法很难，甚至根本无法解决。特种加工就是在这种前提条件下产生和发展起来的。特种加工与传统切削加工的不同点如下：

① 主要依靠机械能以外的能量（如电、化学、光、声、热等）去除材料；多数属于"熔溶加工"的范畴。

② 工具硬度可以低于被加工材料的硬度，即能做到"以柔克刚"。

③ 加工过程中工具和工件之间不存在显著的机械切削力。

④ 主运动的速度一般都较低；理论上，某些方法可能成为"纳米加工"的重要手段。

⑤ 加工后的表面边缘无毛刺残留，微观形貌"圆滑"。

特种加工又被称为非传统或非常规加工，英译为 Non-traditional（conventional）Machining，简写为 NTM 或 NCM。特种加工方法种类很多，而且还在继续研究和发展。目前在生产中应用的特种加工方法很多，它们的基本原理、特性及适用范围见表 6-1。本章着重讲述其中几种。

表 6-1　常用特种加工方法

特种加工方法	加工所用能量	可加工的材料	工具损耗率/% 最低/平均	金属去除率/(mm³/min) 平均/最高	尺寸精度/mm 平均/最高	表面粗糙度 $Ra/\mu m$ 平均/最高	特殊要求	主要适用范围
电火花加工	电热能	任何导电的金属材，如硬质合金、耐热钢、不锈钢、淬火钢等	1/50	30/3000	0.05/0.005	10/0.16		各种冲、压、锻模及三维成型曲面的加工
电火花线切割	电热能		极小（可补偿）	5/20	0.02/0.005	5/0.63		各种冲模及二维曲面的成型截割
电化学加工	电、化学能		无	100/10000	0.1/0.03	2.5/0.16	机床、夹具、工件需采取防锈防蚀措施	锻模及各种二维、三维成型表面加工
电化学机械	电、化、机械能		1/50	1/100	0.02/0.001	1.25/0.04		硬质合金等难加工材料的磨削
超声加工	声、机械能	任何脆硬的金属及非金属材料	0.1/10	1/50	0.03/0.005	0.63/0.16		石英、玻璃、锗、硅、硬质合金等脆硬材料的加工、研磨
快速成形	光、热、化学	塑料、陶瓷、金属、纸张、ABS	无				增材制造	制造各种模型
激光加工	光、热能	任何材料	不损耗	瞬时去除率很高，受功率限制，平均去除率不高	0.01/0.001	10/1.25		加工精密小孔、小缝及薄板材成型切割、刻蚀
电子束加工	电、热能						需在真空中加工	
离子束加工	电、热能			很低	0.01μm	0.01		表面超精、超微量加工、抛光、刻蚀、材料改性、镀覆

6.1.2　电火花加工

电火花加工又称放电加工、电蚀加工（Electro-Discharge Machining，EDM），是一种利用脉冲放电产生的热能进行加工的方法。其加工过程为：使工具和工件之间不断产生脉冲性的火花放电，靠放电时局部、瞬时产生的高温把金属熔解、气化而蚀除材料。放电过程可见到火花，故称之为电火花加工，日本、英国、美国称之为放电加工，其发明国家原苏联称电蚀加工。

（1）电火花加工基本原理、装置及特点

电火花加工的原理是基于工具和工件（正、负电极）之间脉冲性火花放电时的电腐蚀现象来蚀除多余的金属，以达到对零件的尺寸、形状及表面质量的加工要求。图 6-1 所示是电火花加工系统图。工件 1 与工具 4 分别与脉冲电源 2 的两输出端相连接。自动进给调节装置

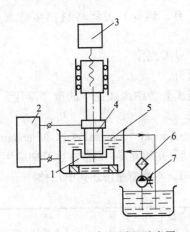

图6-1 电火花加工原理示意图
1—工件；2—脉冲电源；3—自动进给
调节装置；4—工具；5—工作液；
6—过滤器；7—工作液泵

3（此处为液压缸及活塞）使工具和工件间经常保持一很小的放电间隙。当脉冲电压加到两极之间，便在当时条件下某一间隙最小处或绝缘强度最低处击穿介质，产生火花放电，实现加工。

要达到上述加工目的，设备装置必需具备以下三个条件。

① 工具电极和工件被加工表面之间经常保持一定的放电间隙（通常约为几微米至几百微米）。间隙过大，极间电压不能击穿极间介质，因而不会产生火花放电。间隙过小，会形成短路，不能产生火花放电，而且会烧伤电极。

② 火花放电必须是瞬时的脉冲性放电，放电延续一段时间后，需停歇一段时间，放电延续时间一般为 $10^{-7} \sim 10^{-3}$ s。这样才能使放电所产生的热量来不及传导扩散到其余部分，把每一次的放电点分别局限在很小的范围内；否则，象持续电弧放电那样，使表面烧伤而无法用作尺寸加工。为此，电火花加工必须采用脉冲电源。

③ 火花放电必须在有一定绝缘性能的液体介质中进行，例如煤油、皂化液或去离子水等。液体介质又称工作液，它们必须具有较高的绝缘强度（$10^3 \sim 10^7 \Omega \cdot cm$）以有利于产生脉冲性的火花放电，同时，液体介质还能把电火花加工过程中产生的金属小屑、炭黑等电蚀产物从放电间隙中悬浮排除出去，并且对电极和工件表面有较好的冷却作用。

电火花加工的优点如下：

① 适合于难切削材料的加工　可以突破传统切削加工对刀具的限制，实现用软的工具加工硬韧的工件，甚至可以加工象聚晶金刚石、立方氮化硼一类超硬材料。目前电极材料多采用紫铜或石墨，因此工具电极较容易加工。

② 可以加工特殊及复杂形状的零件　由于加工中工具电极和工件不直接接触，没有机械加工的切削力，因此适宜加工低刚度工件及微细加工。由于可以简单地将工具电极的形状复制到工件上，因此特别适用于复杂表面形状工件的加工，如复杂型腔模具加工等。数控技术电火花加工可以简单形状的电极加工复杂形状零件。

③ 适用范围广　可用于加工金属等导电材料，一定条件下也可以加工半导体和非导体材料。

④ 加工效果好　加工表面微观形貌圆滑，工件的棱边、尖角处无毛刺、塌边。

⑤ 工艺灵活性大　本身有"正极性加工"（工件接电源正极）和"负极性加工"（工件接电源负极）加工之分；还可与其他工艺结合，形成复合加工，如与电解加工复合。

电火花加工的局限性如下：

① 一般加工速度较慢　安排工艺时可采用机械加工去除大部分余量，然后再进行电火花加工以求提高生产率。最近新的研究成果表明，采用特殊水基不燃性工作液进行电火花加工，其生产率甚至高于切削加工。

② 存在电极损耗和二次放电　电极损耗多集中在尖角或底面，最近的机床产品已能将电极相对损耗比降至0.1%，甚至更小；电蚀产物在排除过程中与工具电极距离太小时会引起二次放电，形成加工斜度，影响成型精度。二次放电甚至会使得加工无法继续。

③ 最小角部半径有限制　一般电火花加工能得到的最小角部半径等于加工间隙（通常为0.02～0.3mm），若电极有损耗或采用平动、摇动加工则角部半径还要增大。

（2）影响电火花加工精度和表面质量的主要因素

与传统的机械加工一样，机床本身的各种误差，工件和工具电极的定位、安装误差都会影响到电火花加工的精度。另外，与电火花加工工艺有关的主要因素是放电间隙的大小及其一致性、工具电极的损耗及其稳定等。电火花加工时工具电极与工件之间放电间隙大小实际上是变化的，电参数对放电间隙的影响非常显著，精加工放电间隙一般只有0.01mm（单面），而粗加工时则可达0.5mm以上。目前，电火花加工的精度为0.01～0.05mm。

影响表面粗糙度的因素主要有：脉冲能量越大，加工速度越高，Ra 值越大；工件材料越硬、熔点越高，Ra 值越小；工具电极的表面粗糙度越大，工件的 Ra 值越大。

（3）电火花加工的工艺方法分类及其应用

按工具电极和工件相对运动的方式和用途的不同，电火花加工大致可分为电火花穿孔成型加工、电火花线切割、电火花磨削和镗磨、电火花同步共轭回转加工、电火花高速小孔加工、电火花表面强化与刻字六大类，它们的特点及用途见表6-2。

表6-2 常用的电火花加工工艺

类别	工艺	特 点	用 途
1	电火花穿孔成型加工	1. 工具和工件间主要只有一个相对的伺服进给运动； 2. 工具为成型电极，与被加工表面有相同的截面或形状	1. 型腔加工：加工各类型腔模及各种复杂的型腔零件； 2. 穿孔加工：加工各种冲模、挤压模、粉末冶金模、各种异形孔及微孔等，约占电火花机床总数的30％，典型机床有D7125、D7140等电火花穿孔成型机床
2	电火花线切割加工	1. 工具电极为顺电极丝轴线移动着的线状电极； 2. 工具与工件在两个水平方向同时有相对伺服进给运动	1. 切割各种冲模和具有直纹面的零件； 2. 用于下料、截割和窄缝加工，约占电火花机床总数的60％，典型机床有DK7725、DK7732数控电火花线切割机床
3	电火花内孔外圆和成形磨削	1. 工具与工件有相对的旋转运动； 2. 工具与工件间有径向和轴向的进给运动	1. 加工高精度、良好表面粗糙度的小孔如拉丝模、挤压模、微型轴承内环、钻套等； 2. 加工外圆、小模数滚刀等，约占电火花机床总数的3％，典型机床有D6310电火花小孔内圆磨床等
4	电火花同步共轭回转加工	1. 成型工具与工件均作旋转运动，但二者角速度相等或成整倍数，相对应接近的放电点可有切向相对运动速度； 2. 工具相对工件可作纵、横进给运动	以同步回转、展成回转、倍角速度回转等不同方式，加工各种复杂型面的零件，如高精度的异形齿轮，精密螺纹环规、高精度、高对称度、良好表面粗糙度的内、外回转体表面，约占电火花机床总数的1％，典型机床有JN-2、JN-8内外螺纹加工机床等
5	电火花高速小孔加工	1. 采用细管（＞ϕ0.3mm）电极，管内冲入高压水基工作液； 2. 细管电极旋转； 3. 穿孔速度极高（60mm/min）	1. 钱切割预穿丝孔； 2. 深径比很大的小孔，如喷嘴等，约占电火花机床1％，典型机床有D7003A电火花高速小孔加工机床
6	电火花表面强化、刻字	1. 工具在工件表面上振动； 2. 工具相对工件移动	1. 模具、刀、量具刃口表面强化和镀覆； 2. 用于电火花刻字、打印记，占电火花机床总数的2％～3％，典型机床有D9105电火花强化机等

6.1.3 电火花线切割加工

电火花线切割加工（Wire Cut EDM，WEDM）是在电火花加工基础上，于20世纪50年代末在前苏联发展起来的一种新的工艺形式，是用线状电极（钼丝或铜丝）靠火花放电对工件进行切割，故称为电火花线切割，有时简称线切割。它已获得广泛应用，目前国内外线切割机床已占电加工机床的60％以上。

(1) 线切割加工的工作原理与装置

图 6-2 所示为高速走丝电火花线切割工艺及装置的示意图。利用细钼丝或铜丝 4 作工具电极进行切割，储丝筒 7 使钼丝做正反向交替移动，加工能源由脉冲电源 3 供给。在电极丝和工件之间浇注工作液介质，工作台在水平面两个坐标方向各自按预定的控制程序，根据火花间隙状态做伺服进给移动，从而合成各种曲线轨迹，把工件切割成型。

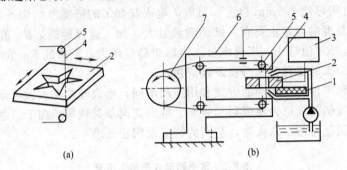

图 6-2 电火花线切割原理

1—绝缘底板；2—工件；3—脉冲电源；4—钼丝；5—导向轮；6—支架；7—储丝筒

根据电极丝的运行速度，电火花线切割机床通常分为两大类：一类是高速走丝电火花线切割机床（WEDM-HS），这类机床的电极丝做高速往复运动，一般走丝速度为 8~10m/s。这是我国生产和使用的主要机种，也是我国独有的电火花线切割加工模式。另一类是低速走丝电火花线切割机床（WEDM-LS），如图 6-3 所示。这类机床的电极丝做低速单向运动，走丝速度低于 0.2m/s，这是国外生产和使用的主要机种。

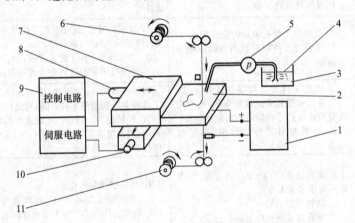

图 6-3 低速走丝线切割加工设备组成

1—脉冲电源；2—工件；3—工作液箱；4—去离子水；5—泵；6—新丝放丝卷筒；7—工作台；
8—x 轴电动机；9—数控装置；10—y 轴电动机；11—废丝卷筒

(2) 线切割加工的特点

电火花线切割加工过程的工艺和机理与电火花穿孔成型加工有很多共同的地方，又有它独特的地方，其特点表现在以下几个方面。

① 采用水或水基工作液不会引燃起火，容易实现安全无人运转。

② 电极丝与工件始终有相对运动，尤其是快速走丝电火花线切割加工，间隙状态可以认为是由正常火花放电、开路和短路这三种状态组成，不可能产生稳定的电弧放电。

③ 电极与工件之间存在着"疏松接触"式轻压放电现象。在电极丝和工件之间存在着

某种电化学产生的绝缘薄膜介质，当电极丝被顶弯所造成的压力和电极丝相对工件的移动摩擦使这种介质减薄到可被击穿的程度，才发生火花放电。因此电极短路已不成为大问题。

④ 省掉了成型的工具电极，大大降低了成型工具电极的设计和制造费用，缩短了生产准备时间。这对新产品的试制是很有意义的。

⑤ 由于电极丝比较细，可以加工微细异形孔、窄缝和复杂形状的工件。由于切缝很窄，且只对工件材料进行"套料"加工，实际金属去除量很少，材料的利用率和能量利用率都很高。这尤其对加工贵重金属有重要意义。

⑥ 由于采用移动的长电极丝进行加工，单位长度电极丝的损耗少，对加工精度的影响小，特别在低速走丝线切割加工时，电极丝使用一次，电极损耗对加工精度的影响更小。

⑦ 在实体部分开始切割时，需加工穿丝用的预孔。

(3) 线切割加工的应用范围

线切割加工为新产品试制、精密零件及模具制造开辟了一条新的工艺途径，主要应用于以下几个方面。

① 加工模具 适用于各种形状的冲模，调整不同的间隙补偿量，只需一次编程就可以切割凸模、凸模固定板、凹模及卸料板等，模具配合间隙、加工精度通常都能达到要求。此外，还可加工挤压模、粉末冶金模、弯曲模、塑压模等通常带锥度的模具。

② 加工电火花成型加工用的电极 一般用铜钨、银钨合金类材料作穿孔加工的电极、带锥度型腔加工的电极用线切割加工特别经济，同时也适用于加工微细复杂形状的电极。

③ 加工零件 在试制新产品时，用线切割在板料上直接割出零件，例如切割特殊微电机硅钢片定转子铁心，由于不需另行制造模具，可大大缩短制造周期、降低成本。加工薄件时还可多片叠在一起加工。在零件制造方面，可用于加工品种多、数量少的零件，特殊难加工材料的零件，材料试验样件，以及各种型孔、凸轮、样板、成型刀具。同时还可进行微细加工及异形槽的加工等。

6.1.4 电化学加工

(1) 电化学加工概述

电化学加工（Electrochemical Machining，简称 ECM）分四类。

① 工件（作为阳极）溶解去除金属材料的电解加工——工件材料减少，包括电解加工和电解抛光。

② 工件（作为阴极）表层沉积金属的电镀、涂覆——工件材料增加，包括电镀、局部涂镀、电铸和复合电镀。

③ 工件作为阳极溶解去除大量材料，具有磨、研等机械作用的阴极对阳极的进一步去除材料使阳极活化而形成的电化学机械复合工艺，有电解磨削、电解珩磨、电解研磨。

④ 其他复合工艺，如电解电火花复合工艺、电解电火花机械复合工艺。

电化学加工过程的电化学反应如图 6-4 所示。当两金属片接上电源并插入任何导电的溶液中，即形成通路，导线和溶液中均有电流流过。然而金属导线和溶液是两类性质不同的导体。金属导电体是靠自由电子在外电场作用下按一定方向移动而导电的，是电子导体，或称第一类导体。导电溶液是靠

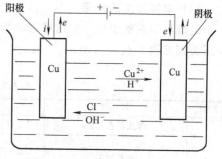

图 6-4 电解液中的电化学反应

溶液中的正负离子移动而导电的,是离子导体,或称第二类导体。

(2) 阳极溶解——电解加工

图 6-5 所示为电解加工实施原理图。加工时,工件接直流电源的正极,工具接电源的负极。工具向工件缓慢进给,使两极之间保持较小的间隙(0.1~1mm),具有一定压力(0.5~2MPa)的电解液从间隙中高速(5~50m/s)流过,这时阳极工件的金属被逐渐电解腐蚀,电解产物被电解液带走。在加工刚开始时,阴极与阳极距离较近的地方通过的电流密度较大,电解液的流速也常较高,阳极溶解速度也就较快。工具相对工件不断进给,工件表面就不断被电解,电解产物不断被电解液冲走,直至工件表面形成与阴极工作面基本相似的形状为止。

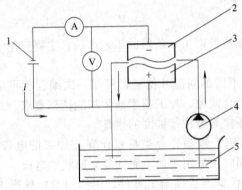

图 6-5 电解加工示意图
1—直流电源;2—工具阴极;3—工件阳极;
4—电解液泵;5—电解液

电解加工与其他加工方法相比较,具有下述优点:

① 加工范围广,不受金属材料本身硬度、强度以及加工表面复杂程度的限制,可以加工硬质合金、淬火钢、不锈钢、耐热合金等高硬度、高强度及高韧性金属材料,并可加工叶片、锻模等各种复杂型面。

② 加工生产率较高,为电火花加工的5~10倍,在某些情况下,比切削加工的生产率还高,且加工生产率不直接受加工精度和表面粗糙度的限制。

③ 可达到较小的表面粗糙度(Ra1.25~0.2μm)和±0.1mm 左右的平均加工精度。

④ 加工过程不存在机械切削力,不会产生切削力引起的残余应力和变形,没有飞边毛刺。

⑤ 加工过程中阴极工具理论上不会耗损,可长期使用。

电解加工的主要弱点和局限性如下:

① 不易达到较高的加工精度和加工稳定性。这一方面是由于阴极的设计、制造和修正都比较困难,阴极本身的精度难保证;另一方面是影响电解加工间隙稳定性、流场和电场的均匀性的参数很多,控制比较困难。

② 电解加工的附属设备比较多,占地面积较大,机床需有足够的刚性和防腐蚀性能,造价较高,因此单件小批生产时的成本比较高。加工后,工件需净化处理。

③ 电解产物需进行妥善处理,否则可能污染环境。

(3) 电解加工的应用

电解加工在解决生产中的难题和特殊行业(航空、航天)中有着广泛的用途,目前主要应用类别见表 6-3。

表 6-3 电解加工的应用类别

序号	名 称	应 用 说 明
1	深孔扩孔加工	按阴极的运动分为固定式和移动式加工两种
2	型孔加工	适合实体材料上加工型孔、方孔、椭圆孔、半圆孔、多棱形孔等异形孔;弯曲电极若可加工各类孔的弯孔

续表

序号	名　称	应用说明
3	型腔加工	压铸模、锻压模等型腔加工； 常用硝酸钠、氯酸钠等钝性电解液； 阴极的拐角处常开设增液孔或槽以保持流速均匀
4	套料加工	大面积的异形孔或圆孔的下料、平面凸轮的成形电解加工
5	叶片加工	发动机、汽轮机等的整体叶片加工
6	电解倒棱、去毛刺	特别适合于齿轮渐开线端面、阀组件交叉孔去毛刺和倒棱
7	电解蚀刻	适合于已淬硬后的零件表面或模具上打标记、刻商标等刻字
8	电解抛光	大间隙、低电流密度对工件表面微加工、抛光
9	数控电解加工	与数控技术和设备的有机结合,加工型腔、型面和复杂表面

6.1.5　高能束加工

现代先进加工中，激光束（Laser Beam Machining，LBM）、电子束（Electron Beam Machining，EBM）、离子束（Ion Beam Machining，IBM）统称为"三束"，由于其能量集中程度较高，又被称为"高能束"，目前它们主要应用于各种精密、细微加工场合，特别是在微电子领域有着广泛的应用。

（1）激光束加工

激光技术是 20 世纪 60 年代初发展起来的一门新兴科学。激光加工可以用于打孔、切割、电子器件的微调、焊接、热处理，以及激光存储、激光制导等各个领域。由于激光加工速度快、变形小，可以加工各种材料，在生产实践中越来越显示它的优越性，越来越受到人们的重视。

① 激光加工的工作原理

激光也是一种光，它具有一般光的共性（如光的反射、折射、绕射以及光的干涉等），也有它的特性。激光的光发射以受激辐射为主，发出的光波具有相同的频率、方向、偏振态和严格的位相关系，因而激光具有亮度、强度高、单色性好、相干性好和方向性好等特性。

激光加工工作原理就是利用聚焦的激光能量密度极高，被照射工件加工区域温度达数千摄氏度，甚至上万摄氏度的高温将材料瞬时熔化、蒸发，并在热冲击波作用下，将熔融材料爆破式喷射去除，达到相应加工目的，如图 6-6 所示。

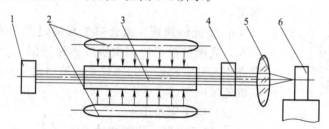

图 6-6　固体激光器加工原理示意图

1—全反射镜；2—光泵（激励脉冲氙灯）；3—激光工作物质；4—部分反射镜；5—透镜；6—工件

② 激光加工的特点

a. 激光瞬时功率密度高达 $105\sim1010W/cm^2$，可以加工任何高硬、耐热材料。

b. 激光光斑大小可以聚焦到微米级，输出功率可以调节，因此可用以精密微细加工。

c. 加工所用工具——激光束接触工件，没有明显的机械力，没有工具损耗。加工速度快、热影响区小，容易实现加工过程自动化。还能通过透明体进行加工，如对真空管内部进行焊接加工等。

d. 与电子束、离子束相比，工艺装置相对简单，不需抽真空装置。

e. 激光加工是一种热加工，影响因素很多，因此精微加工时，其精度尤其是重复精度和表面粗糙度不易保证。加工精度主要取决于焦点能量分布，打孔的形状与激光能量分布之间基本遵从于"倒影"效应。

f. 靠聚焦点去除材料，激光打孔和切割的激光深度受限，目前的切割、打孔厚（深）度一般不超过 10mm，因而主要用于薄件加工。

③ 激光加工应用

a. 激光打孔。利用激光几乎可在任何材料上打微型小孔，目前已应用于火箭发动机和柴油机的燃料喷嘴加工、化学纤维喷丝扳打孔、钟表及仪表中的宝石轴承打孔、金刚石拉丝模加工等方面。

激光打孔适合于自动化打孔，如钟表行业红宝石轴承上 $\phi 0.12 \sim 0.18mm$、深 $0.6 \sim 1.2mm$ 的小孔采用自动传送每分钟可以加工几十个；又如生产化学纤维用的喷丝板，在 $\phi 100mm$ 直径的不锈钢喷丝板上打 1 万多个直径为 0.06mm 的小孔，采用数控激光加工，不到半天即可完成。激光打孔的直径可以小到 0.01mm 以下，深径比可达 60:1。

b. 激光切割。工件与激光束相对移动，可切割各种二维形状工件，由于激光器相对娇贵，在生产实践中，一般都是移动二维数控工作台。如果是直线切割，还可借助于柱面透镜将激光束聚焦成面束，以提高切割速度。激光可用于切割各种各样的材料，还能切割无法进行机械接触的工件（如从电子管外部切断或焊接内部的灯丝）。由于激光对被切割材料几乎不产生机械冲击和压力，故适宜于切割玻璃、陶瓷和半导体等既硬又脆的材料。再加上激光光斑小、切缝窄，便于自动控制，所以更适宜于对细小部件做各种精密切割。切割金属材料时采用同轴吹氧工艺可以大大提高切割速度，而且粗糙度也明显减小。切割布匹、纸张、木材等易燃材料时，采用同轴吹保护气体（二氧化碳、氮气等），能防止烧焦和缩小切缝。英国生产的二氧化碳激光切割机附有氧气喷枪，切割 6mm 厚的铁板速度达 3m/min 以上。美国已用激光代替等离子体切割，速度可提高 25%，费用降低 75%。

c. 激光焊接。焊接时不需要切割、打孔那么高的能量密度，只要将工件的加工区"烧熔"使其黏合在一起。因此，激光焊接所需要的能量密度较低，通常可用减小激光输出功率来实现。也可通过调节焦点位置来减小工件被加工点的能量密度。

d. 激光热处理。激光热处理的过程是将激光束扫射零件表面，光能量被零件表面吸收迅速升温，产生相变甚至熔融；激光束离开零件表面，零件表面的热量马上向内部传递并以极高的速度冷却。

(2) 电子束加工

① 加工原理、装置和特点

真空条件下，电磁透镜聚焦后的高能量密度和高速度的电子束射击到工件微小的表面上，动能迅速转化为热能，使冲击部分的工件材料达到数千度的高温，从而引起相应部位工件材料熔化、气化，并被抽走。电子束加工工艺装置如图 6-7 所示，电子束加工具有以下特点：

a. 细微聚焦。最细聚焦直径达到 $0.1\mu m$，是一种精微工艺。

b. 能量密度高。蒸发去除材料，非接触加工无机械力；

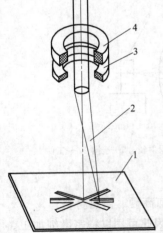

图 6-7 电子束加工原理
1—工件；2—电子束；3—偏转线圈；4—电磁透镜

适合脆性、韧性等各种材料及导体、非导体加工。

c. 生产率高。对于 2.5mm 厚度的钢板加工直径 0.4mm 的孔，可达每秒 50 个。

d. 控制容易。磁场或电场控制可对聚焦、强度、位置等实现自动化控制。

e. 污染减少。真空中加工使得工件和环境无污染，适于纯度要求高的半导体加工。

f. 成本昂贵。真空系统及本体系统设备比较复杂，设备成本高。

② 电子束加工的应用

目前 EBM 加工应用范围主要在如下方面：

a. 高速打孔。目前最小孔直径可达 0.003mm，速度达每秒 3000～50000 孔，对人造革、塑料等打细孔后可增加透气性。

b. 型面和特殊面。喷丝头异形孔的加工，切缝宽 0.03～0.06mm，在打小孔、锥孔、斜孔方面，EBM 已代替 EDM；控制磁场强度和电子速度可以加工曲面、曲槽、弯孔等。

c. 蚀刻。半导体微电子器件可通过蚀刻制造多层固体组件、刻出细槽。

d. 焊接。精加工后精密焊，焊接强度高于本体，缝深而窄；可对难熔金属、异种金属焊接。

e. 热处理。EBM 热处理的电热转换率可高达 90%，比激光热处理的电热转换率（7%～10%）高得多；熔化置入新合金可对零件改性。

f. 光刻。即电子束曝光，对电致抗蚀剂的高分子材料，由入射电子与高分子碰撞，切断分子链或重新聚合而引起分子量变化，图形分辨率高达 $0.25\mu m$，而可见光曝光分辨率大于 $1\mu m$；还可实现电子束缩放曝光，用于大规模集成电路上数十万个元件集成。

(3) 离子束加工

离子束的加工原理类似于电子束的加工原理。离子质量是电子的数千倍或数万倍，一旦获得加速，则动能较大。真空下，离子束经加速、聚焦后，高速撞击到工件表面靠机械动能将材料去除，不像电子束那样需将动能转化为热能才能去除材料。

如图 6-8 所示，按加工目的和所利用的物理效应不同，离子束加工分为以下 4 种。

① 离子刻蚀　离子以一定角度轰击工件，表面原子逐个剥离，实质上是一种原子尺度的切削加工，也称为离子铣削，即纳米加工，如图 6-8（a）所示。

② 离子溅射沉积　离子以一定角度轰击靶材，靶材原子逐个剥离后，沉积在工件上，使工件镀上一层靶材薄膜，实质是一种镀膜工艺，如图 6-8（b）所示。

③ 离子镀　离子分两路以不同角度同时轰击靶材和工件，目的在于增强靶材镀膜与工件基材的结合力，又被称为离子溅射辅助沉积，如图 6-8（c）所示。

④ 离子注入 ［如图 6-8（d）所示］　离子以较大的能量垂直轰击工件，是离子直接进入工件，成为工件体内材料的一部分，达到材料改性目的。

离子束加工具有以下特点：

① 高精度　逐层去除原子，通过控制离子密度和能量，加工可达纳米级，镀膜可达亚微米，离子注入的深度、浓度可以精确控制。离子加工是纳米加工工艺的基础。

② 高纯度、无污染　适于易氧化材料和高纯度半导体加工。

③ 宏观压力小　无应力、热变形，适于低刚度工件。

④ 成本高、效率低　设备费用、成本高、加工效率低。

离子束加工装置由离子源、真空系统、控制系统、电源组成；设备差异主要体现在离子源不同；通过离子源产生离子束流，即原子通过电离成为离子。具体过程如下：

气态原子注入电离室后，经高频放电、电弧放电、等离子体放电或电子轰击，使气态原子电离为等离子体（正离子和负电子数目相等的混合体），再通过一个相对于等离子体为负电位电极（吸极）引出正离子，形成正离子束流，便可用于离子束加工。

常用的离子源有考夫曼型离子源和双等离子体型离子源。

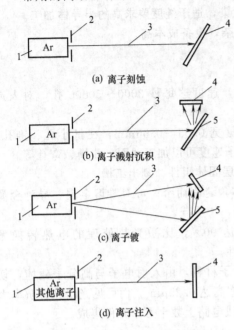

图 6-8　各类离子束加工示意图
1—离子源；2—吸极（吸收电子，引出离子）；3—离子束；4—工件；5—靶材

目前离子束加工的应用主要有以下几个方面。

① 刻蚀加工　离子以入射角 40°～60°轰击工件，使原子逐个剥离。离子刻蚀效率低，目前已应用于蚀刻陀螺仪空气轴承和动压马达沟槽；高精度非球面透镜加工；高精度图形蚀刻，如集成电路、光电器件、光集成器件等微电子学器件的亚微米图形；集成光路制造；致薄材料纳米蚀刻。

② 镀膜加工　镀膜加工分为离子溅射沉积和离子镀。离子镀的优点主要体现在：附着力强，膜层不易脱落；绕射性好，镀得全面、彻底。离子镀主要应用于各种润滑膜、耐热膜、耐蚀膜、耐磨膜、装饰膜、电气膜的镀膜；离子镀氮化钛代替镀硬铬可以减少公害；还可用于涂层刀具的制造，包括碳化钛、氮化钛刀片及滚刀、铣刀等复杂刀具。

③ 离子注入　离子以较大的能量垂直轰击工件，离子直接注入工件后固溶，成为工件基体材料的一部分，达到改变材料性质的目的。该工艺可使离子数目得到精确控制，可注入任何材料，其应用还在进一步研究，目前得到应用的主要有：半导体改变或制造 P-N 结；金属表面改性，提高润滑性、耐热性、耐蚀性、耐磨性；制造光波导等。

6.1.6　超声波加工

超声波加工（Ultrasonic Machining，USM），又叫超声加工，特别适合对导体、非导体的脆硬材料进行有效加工，是对特种加工工艺的有益补充，目前主要的工艺有打孔、切割、清洗、焊接、探伤等。

(1) 超声波加工的原理与特点

超声波是一种频率超过 16000Hz 的纵波，它具有很强的能量传递能力，能够在传播方向上施加压力；在液体介质传播时能形成局部"伸""缩"冲击效应和空化现象；通过不同介质时，产生波速突变，形成波的反射和折射；一定条件能产生干涉、共振。利用超声波特性来进行加工的工艺称为超声波加工。

超声波加工的原理如图 6-9 所示。工具端面作超声频的振动，通过悬浮磨料对脆硬材料进行高频冲击、抛磨工件，使得脆性材料产生微脆裂，去除小片材料。由于频率高，其累积效果使得加工效率较高，再加上液压中正负冲击波使工件表层产生伸缩效应和"空化"效果，使工具离开工件时间隙内成负压产生局部真空和空腔（泡）；工具与工件接近时，空泡闭合或破裂，产生冲击波，液体进入裂缝，强化加工和材料脱离工件，并使磨料得到更新。由此可见超声加工材料去除是磨料的机械冲击作用为主、磨抛与超声空化作用为辅的综合结果。

超声加工的特点如下：

① 适合脆性材料工件加工，材料越脆，加工效率越高，可加工脆性非金属材料，如玻璃、陶瓷、玛瑙、宝石、金刚石等，但硬度高、脆性较大的金属，如淬火钢、硬质合金等的加工效率低。

② 机床结构简单，较软工具可以复杂设置、成型运动简单。

③ 属宏观力小的冷加工工艺，无热应力、无烧伤、可加工薄壁、窄缝、低刚度零件。

(2) 超声加工的应用

超声加工能加工电火花、电化学所不能的非金属脆性材料，但效率相对低。还可对电火花、电化学加工件后续的磨抛加工。目前主要集中在以下 4 个方面。

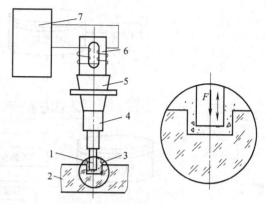

图 6-9 超声加工原理图
1—工具；2—工件；3—磨料悬浮液；4、5—变幅杆；6—换能器；7—超声波发生器

① 型孔、型腔加工 脆硬材料加工圆孔、型孔、型腔、套料、微小孔等。

② 切割加工 主要切割脆硬的半导体材料，如单晶硅片切割、脆硬的陶瓷刀具切割。

③ 复合加工 主要有超声电解复合加工，超声电火花复合加工，超声抛光与电解超声复合抛光，超声磨削切割金刚石，超声车削，超声振动钻削、攻螺纹等。

④ 超声清洗 目前主要用于个半导体元件（电阻、电容）等去除松香、油脂。

6.2 快速原型制造

6.2.1 概述

快速原型制造技术也称快速成形技术，是综合利用 CAD 技术、数控技术、激光加工技术和材料技术实现从零件设计到三维实体原型制造一体化的系统技术。它采用软件离散—材料堆积的原理实现零件的成形，如图 6-10 所示。快速成形具体过程如下：

首先利用高性能的 CAD 软件设计出零件的三维曲面或实体模型；再根据工艺要求，按照一定的厚度在 Z 向（或其他方向）对生成的 CAD 模型进行切面分层，生成各个棱面的三维平面信息；然后对层面信息进行工艺处理，选择加工参数，系统自动生成刀具移动轨迹和数控加工代码；再对加工过程进行仿真，确认数控代码的正确性；然后利用数控装置精确控制激光束或其他工具的运动，在当前工作层（三维）上采用轮廓扫描，加工出适当的截面形状；再铺上一层新的成形材料，进行下一次的加工，直至整个零件加工完毕。可以看出，快速成形技术是个由三维转换成二维（软件离散化），再由二维到三维（材料堆积）的工作过程。

快速原型制造法不仅可用于原始设计中快速生成零件的实物，也可用来快速复制实物（包括放大、缩小、修改和复制）。其工作原理是，用三维数字化仪采集三维实物信息，在计算机中还原生成实物的三维模型，必要时用三维 CAD 软件进行修改和缩放，然后进行三维离散化并送到成型机生成实物。整个过程如图 6-11 所示。

目前比较成熟主要的工艺方法包括光敏树脂液相固化、选择性粉末激光烧结、薄片分层叠加成形和熔丝堆积成形。

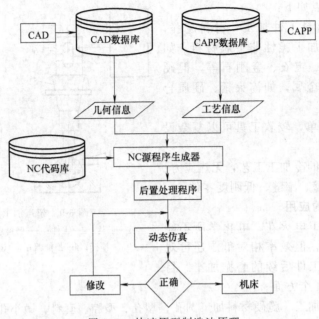

图 6-10 快速原型制造法原理

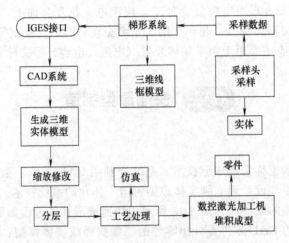

图 6-11 快速成形法与反求工程

6.2.2 光敏树脂液相固化成型

光敏树脂液相固化，英文名为 Stereolithography，简写 SL，又称为光固化立体造型、立体光刻。

工艺原理基于液态光敏树脂光聚合原理，即液态光敏树脂材料在紫外线照射下迅速发生光聚合反应，分子量剧增，材料从液体转化成固态，从而达到固化效果，如图 6-12 所示。

光敏树脂液相固化的特点是精度高、表面质量好、材料利用率高，接近 100%。其适用于复杂、精密原模制造。成形材料为光固化树脂。

光敏树脂液相固化应用较广，可以直接制造各种树脂功能件，用于结构验证、功能测试；可以制作复杂、精细零件或透明零件；也可用于各种复杂模具的模具（母模）的单件生产，实现内外表面转化加工。

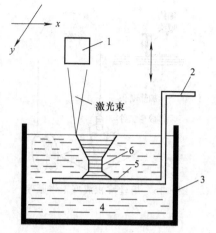

图 6-12 液相光敏树脂固化成形（SL）原理
1—扫描镜；2—Z 轴升降台；3—树脂槽；
4—光敏树脂；5—托盘；6—零件

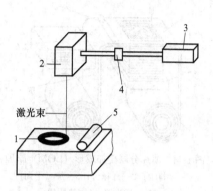

图 6-13 选择性激光粉末烧结成形（SLS）原理
1—零件；2—扫描镜；3—激光器；4—透镜；5—刮平辊子

6.2.3 选择性粉末激光烧结成型

选择性粉末激光烧结（Selected Laser Sintering，SLS）又称为选区加工烧结，于 1989 年研制成功。

如图 6-13 所示，利用金属、非金属的粉末材料在激光照射下，烧结热熔成形，在计算机控制下层层堆积成三维实体。其特点是材料适应面广，无需支承，可制造空心零件、多层空腔零件和实心零件或模型。粉体制备常用离心雾化和气体雾化等方法。

用于选择性粉末激光烧结粉体材料的特性比较见表 6-4。

表 6-4 用于选择性粉末激光烧结粉体材料的特性比较

粉 体 材 料	特 性
石蜡	用于石蜡铸造、制造金属型体
聚碳酸酯	坚固耐热、制造细微轮廓及薄壳结构，也可用于消失模铸造，逐步代替石蜡
尼龙、纤维尼龙、合成尼龙	制造可测试的功能零件，其中合成尼龙制件具有最佳的力学性能
钢铜合金	强度较高、可用作注塑模

6.2.4 薄片分层叠加成型

薄片分层叠加成型（Laminated Object Manufacturing，LOM）又称为叠层实体制造、分层实体制造、纸片叠层法，1986 年开发成功。工艺原理如图 6-14 所示，利用激光切割与黏合工艺相结合，用激光将涂有热熔胶的纸质、塑料薄膜等片材按照 CAD 分层模型轨迹切割成形，然后通过压辊热热压，使其与下层的已成形工件黏结，从而堆积成型。

薄片分层叠加成型的工艺特点是易于制造大型零件，无需专用支承。成型材料为纸质、塑膜等。

6.2.5 熔丝堆积成型

熔丝堆积成型（Fused Deposition Modeling，FDM）产生于 1988 年。

熔丝堆积成型工艺是利用热塑性材料的热熔性、黏结性，在计算机控制下层层堆积成型。

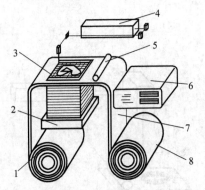

图 6-14 薄片分层叠加成形（LOM）原理

1—收料轴；2—升降台；3—加工平面；

4—CO$_2$ 激光器；5—热压辊；

6—控制计算机；7—料带；8—供料轴

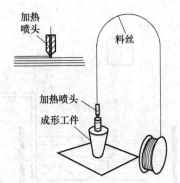

图 6-15 熔丝堆积成型工作原理

如图 6-15 所示，材料抽成丝状后，送丝机构将它送达加热喷嘴，并被加热熔化，喷嘴在平面内沿着零件截面轮廓和填充轨迹移动，同时将熔融材料挤出，并与周边材料黏结固化，达到成型，再层层叠加形成立体模型。

熔丝堆积成型的特点是操作使用简单、成本低，不需用激光加热设备，但需要辅助支承材料。常用的成形材料是 ABS 工程塑料。

思考题

1. 什么是特种加工？特种加工的方法有哪些？
2. 电火花加工的基本原理是什么？有什么特点？
3. 简述电火花线切割的原理及其特点。
4. 高能束加工包括哪些？它们的特点有哪些？
5. 什么是快速原型制造？其基本原理是什么？
6. 简述光敏树脂液相固化成型、选择性粉末激光烧结成型、薄片分层叠加成型、熔丝堆积成型的原理。

第 7 章 机械的驱动与控制

> **教学目标**

1. 了解机械驱动与控制的作用；
2. 了解不同类型动力源及工作原理；
3. 了解开环与闭环控制原理；
4. 认识常用的控制元器件，并了解其用途。

> **本章重点**

内燃机、交流异步电动机、常用控制元器件的功能及用途。

> **本章难点**

驱动装置、控制方式及元器件的选择。

7.1 机 械 驱 动

　　任何机械的工作都需要能量，即动力源。动力源为机械功能和运动的实现提供能量，保证机械功能和运动的实现。随着人类社会和工业文明的发展，动力源由人力、畜力、水力、风力等生命自然动力向机械动力演进，具体形式和结构也不断发生着变化。

7.1.1 生命及自然动力

　　机械始于工具，工具是最简单的机械。如人类最初制造的石刀、石斧和石锤就是简单工具，其功能和运动实现的动力来源于人类的力量。早期一些简单的机械，大多是木质的机械或铁制的工具，需要的能量不大，主要由人力、畜力提供动力。如图 7-1 所示的辘轳，是流行于北方汉族民间用于提取井水的起重装置，它是在井上竖立井架，上装可用手柄摇转的轴，轴上绕绳索，绳索一端系水桶，人摇

图 7-1　辘轳

转手柄，使水桶一起一落，从而提取井水。

我国劳动人民很早以前已经懂得用牛、马来拉车了，到 2500 多年以前，牲畜力已被利用到农业生产方面，当时人们除了利用牲畜驮拉运输外，还利用牲畜来帮助耕田和播种，牛耕是我国农业技术史上农用动力的一次革命，如图 7-2 所示。

图 7-2　牛耕图

随着社会的发展，人们逐渐认识到，机械的驱动即动力源是发展生产的重要因素。17 世纪后期，随着各种机械的改进和发展，煤和金属矿石的需要也逐渐增加，需要的动力源逐渐变大，人力和畜力所提供的能量不再能满足人们的需要，于是人们就将工场设在河边，利用水力驱动工作机械。如图 7-3 所示的筒车，安装在有流水的河边上，因为挖有地槽，被引入地槽的急流推动木叶轮不停转动，将地槽里的水通过竹筒提升到高处，倒入天槽流进农田中。

如图 7-4 所示的水碓，它是利用水流做动力源实现舂米的机械装置，大多设置在村庄附近的溪畔河边。开碓时，提起关水的闸门，湍急的水流带动大大的、飞轮似的水车，水车中央方形的轴承随之带动各个动力机械部位，舂碓、水磨、粉箩等器具便有节奏地转动起来，各种机械皆设有开关，可任意控制。大凡需要捣碎之物，如药物、香料，乃至矿石、竹篾纸浆等，皆可用水碓。古代水力驱动的机械很多，还有水排、水磨、水运仪象台。

图 7-3　筒车

图 7-4　水碓

如图 7-5 所示纺车，它是采用如毛、棉、麻、丝等原料，以人为动力通过机械传动，利用旋转抽丝延长的工艺生产设备。纺车通常有一个用手或脚驱动的轮子和一个纱锭。中国古代的纺纱工具有手摇纺车、脚踏纺车、大纺车等几种。手摇纺车的主要机构有锭子、绳轮和手柄。常见的手摇纺车是锭子在左，绳轮和手柄在右，中间用绳弦传动，由一人操作。脚踏纺车是在手摇纺车的基础上发展起来的，采用连杆和曲柄将脚的往复运动转变成圆周运动，以代替手摇绳轮转动，双手都解放出来，一个人也就可以同时操作多个锭子，其结构由纺纱机构和脚踏部分组成。纺纱机构与手摇纺车相似，脚踏机构由曲柄、踏杆、凸钉等机件组成，踏杆通过曲柄带动绳轮和锭子转动，完成加捻牵伸工作，如图 7-6 所示。元代时，人们还改进了纺车的驱动方式，用水流为动力取代人力。

图 7-5　人力手摇纺车

图 7-6　脚踏纺车

我国古代祖先对自然风的观察与认识，与人类进化相伴相随，随着经验的不断积累，在春秋战国时期，已经认识到风是由空气流动而产生的，于是开始对自然风加以利用，如风帆助航（如图 7-7 所示），风车提水、碾谷物、榨油（如图 7-8 所示），冶金鼓风，农业谷物的清选、放风筝等。伴随着社会的不断进步，人们对风的认识也逐步深化，对风能的利用逐步增强，如风力发电，就是近现代对风能的利用，即通过一定的装置将风能转化为二次能源——电能。

图 7-7　风帆助航

图 7-8　风车

7.1.2　能源转换的动力

人力、畜力驱动提供的能量有限，水力驱动必须把工场设置在有水的地方，风力驱动提供的能量不连续。为满足人类生产实际的需要，18 世纪出现了蒸汽机，通过能源的转换即把化学能转换成机械能进行工作，标志着人类进入了蒸汽机时代，改变了人类以人力、畜力、水力、风力作为主要动力的历史，克服了人力、畜力的局限性和自然力的不可预见性及难以控制性，提高了人类利用自然和改造自然的能力，使各种机器有了巨大的动力，导致了人类历史上的第一次技术革命。但蒸汽机及其锅炉、凝汽器、冷却水系统等体积庞大、笨重，应用十分不便。在19世纪末，电力供应系统和电动机开始发展和推广，20世纪初电动机已在工业生产中取代了蒸汽机，成为驱动各种工作机械的基本动力。生产实际中，人们发现电动机没法给各种移动机械提供动力，于是在19世纪后期发展的内燃机适应了移动机械的需求，且易于操作，随时可启动。随着科学技术的发展，能源转换的动力机械也不断发展，20世纪初出现了高效率、高转速、大功率的汽轮机。随汽轮机和内燃机的发展，又先后发明了燃气轮机、喷气式发动机，人们的交往更加方便，人类活动的领域更加开阔，航天事业也得以开拓，从而进一步带动和促进了其他科学和工业部门的发展。利用能源转换的动力机械满足了人类历史上不同时代的要求。

(1) 蒸汽机

蒸汽机（Steamer）是将蒸汽的能量转换为机械功的往复式动力机械，如图7-9所示。它由气缸、活塞、连杆、曲柄组成的曲柄连杆机构，由滑阀室、滑阀、滑阀杆和偏心轮组成的蒸汽分配装置和飞轮等组成。蒸汽从蒸汽锅炉经蒸汽管路和蒸汽分配装置（滑阀室）进入气缸，气缸内的活塞在蒸汽压力作用下按次序从一端到另一端做往复运动。当活塞的一面在进汽时，废汽从活塞的另一面排出。活塞通过活塞杆与连杆的一端连接，连杆的另一端与曲柄轴相连接。蒸汽分配装置由安装在蒸汽机曲柄轴上的偏心轮来带动。当活塞在蒸汽压力作用下向右移动时，滑阀向左移动；当活塞向左移动时，滑阀向右移动。

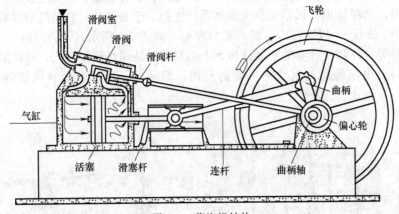

图 7-9   蒸汽机结构

蒸汽机还有一个使水沸腾产生高压蒸汽的锅炉，锅炉可以使用木头、煤、石油或天然气甚至垃圾作为热源，它的优点是几乎可以利用所有的燃料将热能转化为机械能，对燃料不挑剔。蒸汽机在历史上有重要作用，它曾推动了机械工业甚至社会的发展，引起了18世纪的工业革命，解决了大机器生产中最关键的问题，推动了交通运输的进步。直到20世纪初，它仍然是世界上最重要的原动机。

蒸汽机存在的弱点是：离不开锅炉，整个装置既笨重又庞大；热效率较低；因为是往复式机器，惯性限制了转速提高；工作过程不连续。但是随蒸汽机的发展而建立的热力学和机构学为汽轮机和内燃机的发展奠定了基础。汽轮机继承了蒸汽机以蒸汽为工质的特点，摒弃了往复运动和间断进汽的缺点，以其热效率高、单机功率大、转速高、单位功率重量轻和运行平稳等优点，逐渐将蒸汽机排挤出了电站。内燃机继承了蒸汽机的基本结构和传动形式，采用了将燃油直接输入汽缸内燃烧的方式，并以其重量轻、体积小、热效率高和操作灵活等优点，在船舶和机车上逐渐取代了蒸汽机。同时蒸汽机所采用的汽缸、活塞、飞轮、阀门和密封件等，均是构成多种现代机械的基本元件。

20世纪初出现的电动机，以其使用方便，代替了蒸汽机在工业设备中的应用。然而小功率蒸汽机热效率比汽轮机高，所以在产煤区或只有劣质燃料的地区或某些特殊场合，蒸汽机仍有发挥作用的余地。

（2）内燃机

内燃机（Internal Combustion Engine），如图7-10所示，是将液体或气体燃料与空气混合后，直接输入汽缸内部的高压燃烧室燃烧爆炸产生热能，并将其直接转换为机械能的热力发动机。内燃机具有体积小、质量小、便于移动、热效率高、启动性能好的特点。但是内燃机一般使用石油燃料，排出的废气中含有害气体的成分较高。

为完成能量转换，实现工作循环，保证长时间连续正常工作，内燃机必须具备以下一些机构和系统。

① 曲柄连杆机构 如图7-11所示，曲柄连杆机构由机体组、活塞连杆组和曲轴飞轮组等组成。在做功行程中，活塞承受燃气压力在气缸内做直线运动，通过连杆转换成曲轴的旋转运动，并从曲轴对外输出动力。而在进气、压缩和排气行程中，飞轮释放能量又把曲轴的旋转运动转化成活塞的直线运动。

图7-10 内燃机

图7-11 曲柄连杆机构

② 配气机构 配气机构是根据发动机的工作顺序和工作过程，定时开启和关闭进气门和排气门，使可燃混合气或空气进入气缸，并使废气从气缸内排出，实现换气过程。

③ 燃料供给系统 内燃机燃料供给系统是根据要求，配制出一定数量和浓度的混合气，供入气缸，并将燃烧后的废气从气缸内排出到大气中去。

④ 润滑系统 润滑系统是向作相对运动的零件表面输送定量的清洁润滑油，以实现液体摩擦，减小摩擦阻力，减轻机件的磨损，并对零件表面进行清洗和冷却。

⑤ 冷却系统 冷却系统是将受热零件吸收的部分热量及时散发出去，保证发动机在最适宜的温度状态下工作。

⑥ 点火系统 点火系统是将气缸内的可燃混合气点燃膨胀以推动活塞运动。

⑦ 启动系统 启动系统的目的就是使发动机由静止状态过渡到工作状态，完成起动过程所需的装置。

广义上的内燃机不仅包括往复活塞式内燃机、旋转活塞式发动机和自由活塞式发动机，也包括旋转叶轮式的燃气轮机、喷气式发动机等，但通常所说的内燃机是指活塞式内燃机。活塞式内燃机以往复活塞式最为普遍。活塞式内燃机将燃料和空气混合，在其汽缸内燃烧，释放出的热能使汽缸内产生高温高压的燃气。燃气膨胀推动活塞做功，再通过曲柄连杆机构或其他机构将机械功输出，驱动从动机械工作，常见的有柴油机和汽油机。

(3) 电动机

电动机（Motor）是把电能转换成机械能的一种设备，如图 7-12 所示。电动机由定子与转子组成，利用通电线圈产生旋转磁场并作用于转子，使其转动。电动机按使用电源不同分为直流电动机和交流电动机，电力系统中的电动机大部分是交流电机，可以是同步电机或者是异步电机。

图 7-12　电动机

电动机的使用和控制非常方便，具有自启动、加速、制动、反转、掣住等能力，能满足各种运行要求；工作效率较高，没有烟尘、气味，不污染环境，噪声也较小；能提供的功率范围很大，从毫瓦级到千瓦级。由于它的一系列优点，机床、水泵需要电动机带动；电力机车、电梯需要电动机牵引；家庭生活中的电扇、冰箱、洗衣机，甚至各种电动玩具都离不开电动机。电动机已经应用在现代社会生活中的各个方面。

7.2　机械控制原理

人类和其他动物之间的最根本的区别是，人类在意识的指导下进行改造世界的实践活动，即人类是尽可能直接、或者借助于工具间接地控制其所面对的世界。各类机械及设备，正是人类提高向自然获取的效率"武器"。随着人类文明的发展，人类的这个"武库"不断地丰富和发展，演化得越来越复杂，从最初依赖人体自身的检测传感系统（例如视觉系统）和动力系统（例如肌肉系统），在大脑神经系统的控制下，实现对工具和机械的原始控制，到当今科技的尖端发展，集合了计算机控制技术、传感检测技术、伺服驱动技术、自动控制技术等为一体的各类机械电子设备，人类对控制效率和效果的追求是没有止境的。

机械控制的一般原理，就是对自动控制方法和技术的研究。自动控制理论是研究关于自动控制系统组成、分析和设计的一般性理论，是研究自动控制共同规律的技术科学。学习和研究自动控制理论是为了探索自动控制系统中变量的运动规律和改变这种运动规律的可能性和途径，为建立高性能的自动控制系统提供必要的理论根据。作为现代的工程技术人员和科学工作者，都必须具备一定的自动控制理论基础知识。

自动控制就是在没有人的直接参与下，利用控制器（例如机械装置、电气装置或电子计算机）使生产过程或被控制对象（例如机器或电气设备）的某一物理量（温度、压力、液面、流量、速度、位移等）准确地按预期的规律运行。

詹姆斯·瓦特携带着他的蒸汽机，促成了第一次工业革命，而这其中的一项重要发明，是他在蒸汽机上安装了离心调速器，如图 7-13 所示。这个调速器是一个基于力学原理的发明，是蒸汽机所以能普及应用的关键，也是人类自动调节与自动控制的开始。这种调速器的构造

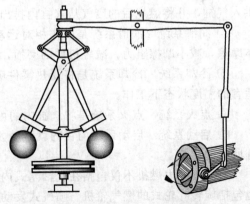

图 7-13　瓦特的离心调速器

是利用蒸汽机带动一根竖直的轴转动，这根轴的顶端有两根铰接的等长细杆，细杆另一端各有一个金属球。当蒸汽机转动过快时，竖轴也转动加快，两个金属小球在离心力作用下，由于转动快而升高，这时通过与小球连接的连杆便将蒸汽阀门关小，从而蒸汽机的转速也便可以降低。反之，若蒸汽机的转速过慢，则竖轴转动慢了，小球的位置也便下降，这时连杆便将阀门开大，从而使蒸汽机转速加快。机械装置在这里实现了自动调节的受控运行。

自动控制技术的应用使生产过程实现自动化，提高劳动生产率和产品质量，降低生产成本，提高经济效益，改善劳动条件，使人们从繁重的体力劳动和单调重复的脑力劳动中解放出来，在人类适应大自然、发展生存空间和创造人类社会文明等方面都具有十分重要的意义。具体到机械工程问题上，机械、电气、液压和计算机被机械设备广泛采用，而且常常互相渗透、相互配合，这就需要结合机电液，系统了解其在工程上共同遵循的基本控制规律，明晰机械控制的基本原理。例如，飞机可以不受风速和压力变化的影响，按照设定自动驾驶和着陆；机床的数字控制系统可以实现复杂曲面工件的自动加工；工业机器人在生产线上能够准确地抓取、放置并完成运动中的对象处理，这些都离不开自动控制。

了解机械控制的基础，要解决两个问题：一是如何分析某个给定控制系统的工作原理、稳定性和过渡过程品质；二是如何根据实际需要来进行控制系统的设计，并用机、电、液、光等设备来实现这一设计系统。前者主要是分析系统，后者是对控制系统进行设计与综合。

7.2.1 机械控制的方式

在许多工业生产过程或生产设备运行中，为了保证正常的工作条件，往往需要对某些物理量（如温度、压力、流量、液位、电压、位移、转速等）进行控制，使其尽量维持在某个目标数值附近，或使其按一定规律变化。要满足这种需要，就应该对生产机械或设备进行及时的操作，以抵消外界干扰的影响。这种操作通常称为控制，用人工操作称为人工控制，用装置来实现控制过程的自动进行称为自动控制。

机械控制系统的控制分为人工控制与自动控制（包括半自动控制）。

人工控制实例：手动加工轴件

在车床上加工轴类零件中的例子如图 7-14 所示。操作者转动带有刻度盘的手轮，机械传动至丝杠，带动刀架移动以控制刀具的切槽进给。这个简单的例子中：

① 被控对象：刀架系统是被控制的对象，简称被控对象。

② 被控参数：切槽的进给位移是被控物理量参数。

③ 控制器：刀架传动丝杠和刻度手轮。

④ 动力源：人体手的动作。

自动控制实例：恒温箱温度控制

恒温箱要求能根据设定的温度，使箱体内部温度保持恒定，其自动控制系统结构如图 7-15 所示。在这个自动控制系统中：

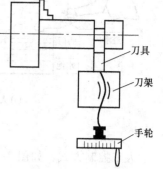

图 7-14 手动加工轴件

① 被控对象：炉内加热器。

② 被控参数：炉内温度。

③ 检测器件：热电偶，用它来检测恒温箱中的温度。

④ 控制器：其后的电气比较单元、电机、减速器、调压器等装置组成信号转换和输出调节系统，完成控制器的作用。

⑤ 动力源：输出到加热器的加热电流。

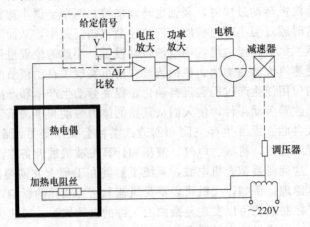

图 7-15 自动控制恒温箱

当机械装置与电气控制系统结合起来，形成密不可分的一体化装置后，机械的驱动与控制就成为机电一体化的研究内容，这样的系统则称为机电控制系统。

7.2.2 机械控制的基本原理

在分析机械控制的基本原理之前，先了解一下人工控制和自动控制的水位控制系统。

图 7-16 (a) 所示为一个人工控制的水位保持恒定的供水系统。水池中的水位是被控量；水池这个设备是被控对象。当水位在给定位置，且进水阀与出水阀的流入、流出量相等时，系统处于平衡状态。当流出量发生变化或水位给定值发生变化时，就需要对流入量进行必要的控制。

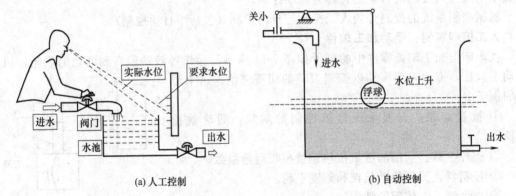

(a) 人工控制   (b) 自动控制

图 7-16 水位控制系统

人工控制方式：如图 7-16 (a) 中所示，操作人员用眼观察水位情况，获取现场控制信息；用大脑的思维考虑来比较实际水位与期望水位的差异，并根据经验（算法）作出决策（大脑的运算结果），确定进水阀门的调节方向与幅度；然后输出执行动作，即用手操作进水阀门进行调节，最终使水位等于给定值。只要观察发现水位偏离了期望值（监测并获取现场变化了的被控信息），工人便要重复上述调节过程，使系统保持在期望的平衡点。

图 7-16 (b) 所示是水池水位自动控制系统的一种简单形式。其中用浮子代替人的眼睛来测量水位高低，获取现场控制信息；用一套杠杆机构代替人的大脑和手的功能，用来进行比较、计算误差并实施控制。杠杆的一端由浮子带动，另一端则连向进水阀门。当用水量增

大时，水位开始下降，浮子也随之降低，通过杠杆的作用将进水阀门开大，使水位回到期望值附近；反之，若用水量变小，水位及浮子上升，进水阀关小，水位自动下降到期望值附近。整个过程中无需人工直接参与，控制过程是自动进行的，只要水位发生变化，系统便可以自动调节，使水位恢复到设定的位置高度。

图 7-16（b）所示的系统虽然可以实现自动控制，但由于结构简陋而存在缺陷，主要表现在，被控制的水位高度将随着出水量的变化而变化。控制的结果，总存在着一定范围的误差值。这是因为当出水量增加时，为了使水位基本保持恒定不变，就得开大阀门，增加进水量。要开大进水阀，唯一的途径是浮子要下降得更多，这意味着实际水位要偏离期望值更多。这样，整个系统就只能在较低的一个水位线上建立起新的平衡状态。

为克服上述缺点，可在原系统中增加一些设备而组成较完善的自动控制系统，如图7-17所示。这里，浮子仍是测量元件，连杆起着比较作用，它将期望水位与实际水位两者进行比较，得出误差，同时推动电位器的滑臂上下移动。电位器输出电压反映了误差的性质（大小和方向）。电位器输出的微弱电压经放大器放大后驱动直流伺服电动机，其转轴经减速器后拖动进水阀门，对系统施加控制作用。

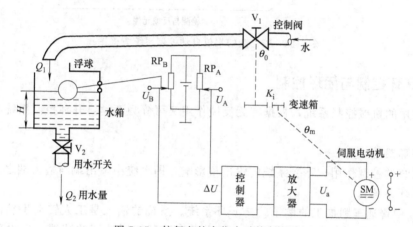

图 7-17 较复杂的水位自动控制系统

在正常情况下，实际水位等于期望值，此时，电位器 RP_B 的滑臂与 RP_A 的滑臂位置平衡，U_B 与 U_A 电势相等，则 $\Delta U = 0$。当出水量增大时，浮子下降，带动电位器滑臂向上移动，导致 $\Delta U > 0$，经放大后成为 U_a，控制电动机正向旋转，以增大进水阀门开度，促使水位回升。当实际水位回复到期望值时，$\Delta U = 0$，系统达到新的平衡状态。

可见，该系统在运行时，无论何种干扰引起水位出现偏差，系统就要进行调节，最终还是使实际水位等于期望值，大大提高了控制精度。

上述人工控制系统和自动控制系统是极其相似的，后者的执行机构类似于人手，测量装置相当于人的眼睛，控制器类似于人脑。另外，它们还有一个共同的特点，就是都要检测偏差，并根据检测到的偏差去纠正偏差，可见没有偏差便没有调节过程。在自动控制系统中，这一偏差是通过反馈建立起来的。给定信号被称为激励，给定量被称为控制系统的输入量；被控制量称为系统的输出量，输出信号称为响应。反馈就是指输出量通过适当的测量装置将信号全部或部分返回输入端，并与之同时作用于系统的过程。反馈量与输入量的比较结果叫偏差。因此，基于反馈基础上的自动控制过程，就是"测偏与纠偏"的过程，这个原理又称为反馈控制原理。利用反馈控制原理组成的系统称为反馈控制系统。实现自动控制的装置可各不相同，但反馈控制的原理却是相同的，可以说，反馈控制是实现自动控制最基本的方法，这就是机械自动控制的基本原理。

为了便于对一个自动控制系统进行分析以及了解其各个组成部分的作用，经常把一个自动控制系统画成方框图的形式。

由图 7-18 可以清楚地看出，系统的输入量就是通过电位器 RP_A 给定的电压信号 U_A；系统的输出量（即被调节量）就是被控物理量——水位；偏差来自检测与反馈系统，最终形成信号 U_B。控制系统是按偏差的大小与方向来工作的，最后使偏差减小或消除，从而使输出量随输入量而变化。

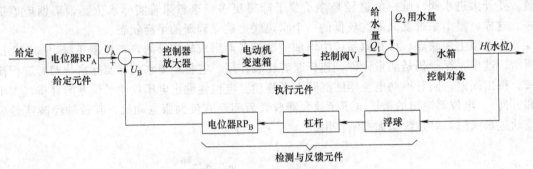

图 7-18 较复杂的水位自动控制系统方框图

7.2.3 开环控制与闭环控制

工业上用的机械控制系统，根据有无反馈作用又可分为两类：开环控制系统与闭环控制系统。

(1) 开环系统

控制系统的控制作用，不受系统的输出量影响，即系统中输出端与输入端之间无反馈通道时，称开环系统。

图 7-14 中普通车削加工的例子就是开环系统。系统的输入是工人转动手轮的转角；系统的输出是刀架位移，以得到切槽进给。同样具有开环控制特征的装置，也出现在图 7-16 (a) 中。目标系统的输出与输入间是没有反馈通道，系统自身不能实现由输出量对输入给定量的自动调节。

如图 7-19 所示的某数控机床进给系统，由于没有反馈通道，故该系统也是开环系统。系统的输出对控制作用没有任何影响。系统的输出量受输入量的控制，而图中若四个方框的任一个性能变化（称为系统内部存在扰支），将影响输出量与输入量不一致，也就是说扰动将影响输出的精度。

图 7-19 开环系统的数控机床

开环控制系统精度不高和适应性不强的主要原因是，缺少从系统输出到输入的反馈回路。若要提高控制精度，必须把输出量的信息反馈到输入端，通过比较输入值与输出值，产生偏差信号，该偏差信号以一定的控制规律产生控制作用，逐步减小以至消除这一偏差，从而实现所要求的控制性能。

(2) 闭环系统

控制系统的输出与输入之间存在着反馈通道，即系统的输出对控制作用有直接影响的系统，称为闭环系统。因此，这个反馈通道系统也就是闭环反馈控制系统。这种将系统的输出信号引回到输入端，与输入信号相比较，利用所得的偏差信号对系统进行调节，达到减小偏差或消除偏差的目的，就是负反馈控制原理，它是构成闭环控制系统的核心。闭环控制是最常用的控制方式，我们所说的控制系统，一般都是指闭环控制系统。

如图 7-15、图 7-17 所示都是闭环控制系统，其工作原理如前所述。

如图 7-20 是数控机床进给系统采用闭环控制系统时的方框图。系统的输出（工作台的移动）通过检测装置（同步感应器或光栅等）把信号反馈到输入端，与输入信号一起通过控制装置对工作台的移动进行控制。

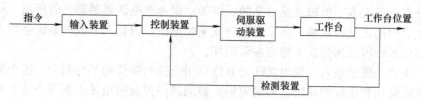

图 7-20 闭环系统的数控机床

闭环系统的主要优点是由于存在反馈，若内外有干扰而使输出的实际值偏离给定值时，控制作用将利用这一偏差来减小偏离，因而精度较高。缺点也正是因存在反馈，若系统中的元件有惯性，且与其配合不当时，将引起系统振荡，不能稳定工作。

典型的反馈控制系统方框图如图 7-21 所示。

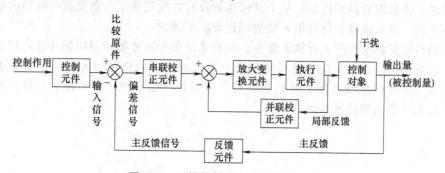

图 7-21 反馈控制系统的方框图组成

一个系统主反馈回路（或通道）只有一个，但是系统可能存在若干个局部反馈回来，图中画出一个。各种功能不同的元件，从整体上构成一个系统来完成一定的任务。

① 控制元件 用于产生输入信号（或称控制信号）。如图 7-17 中的电位器 RP_A 就是控制元件，产生输入信号 U_A，移动电位器滑臂的力即"控制作用"。

② 反馈元件 主要指置于主反馈通道中的元件，用以测量被控量或干扰量，因此也称为测量元件。反馈元件一般由检测元件及电路提供，若在主反馈通道中不设反馈元件，即输出本身即为主反馈信号时，称为单位反馈。

③ 比较元件 用来比较输入及反馈信号，并得出二者差值的偏差信号。

④ 放大元件 把弱的信号放大以推动执行元件动作。放大元件有电气的、机械的、液压的及气动的。

⑤ 执行元件 根据输入信号的要求直接对控制对象进行操作。例如用液压缸、液压马达及电机等。

参与控制的信号来自三条通道，即给定值（输入信号）、干扰量、被控制量（输出信号）。

闭环系统中存在反馈通道，而反馈形式又分为正反馈和负反馈。

正反馈是指受控部分发出反馈信息，其方向与控制信息一致，可以促进或加强控制部分的活动，其结果是扩大对系统的干扰，导致系统失稳。典型的正反馈的例子如：多年前，美国有人设计了一个别出心裁的游戏。他安排了一串多米诺骨牌，其中每一块是前一块的1.5倍。只要第一块多米诺骨牌倒翻，它马上撞击比它大的骨牌使其相继倒塌。他证明，只要按这种程序排列32块多米诺骨牌，最后一块将如纽约世界贸易中心的一座摩天大楼那么大。前一块多米诺骨牌的倒塌是对后一块骨牌的干扰，多米诺骨牌的机制是干扰的传递，当这种传递逐级放大时，就产生了干扰的放大，这就是正反馈机制了。在生产、生活中，正反馈的例子虽然没有负反馈多，但却也是常见的，例如"强者愈强弱者越弱"的所谓"马太效应"，就是社会生活中的正反馈现象。正反馈会造成系统振荡，因此大多数的系统会加入阻尼或是负反馈，避免系统因振荡造成不稳定甚至损坏。

负反馈主要是通过输入、输出之间的差值作用于控制系统的其他部分。这个差值就反映了我们要求的输出和实际的输出之间的差别。控制器的控制策略是不断减小这个差值，以使差值变小。负反馈形成的系统，控制精度高，系统运行稳定。比如：当人打算要拿桌子上的水杯时，人首先要看到自己的手与杯子之间的距离，然后确定自己手的移动方向，手始向水杯移动。同时人的眼睛不停观察手与杯子的距离（该距离就是输入与输出的差值），而人脑（控制器）的作用就是不停控制手移动，以消除这个差值。直到手拿到杯子为止，整个过程也就结束了。从上面的例子可以看出，由负反馈形成的偏差是人准确完成拿杯子动作的关键。如果这个差值不能得到的话，整个动作也就没有办法完成了。负反馈一般是由测量元件测得输出值后，送入比较元件与输入值进行比较而得到的。

在机械自动控制系统的主反馈通道中，只有采用负反馈才能达到纠偏并稳定住控制目标的目的。若采用正反馈，将使偏差越来越大，导致系统发散失稳而无法工作。试想，如图7-22所示的飞机俯仰角负反馈自动控制系统，若是正反馈系统，情况将会怎样？因此，闭环控制系统都是负反馈控制系统。

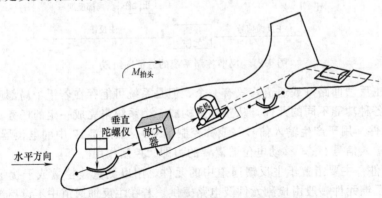

图 7-22　反馈控制系统的方框图组成

开环系统与闭环系统的比较：有无反馈通道，是两者最显著的区别。

① 工作原理　开环控制系统不能检测误差，也不能校正误差，控制精度和抑制干扰的性能都比较差，而且对系统参数的变动很敏感，因此，一般仅用于可以不考虑外界影响，或惯性小，或精度要求不高的一些场合；闭环控制系统抗干扰能力强，对外扰动（如负载变化）和内扰动（系统内元件性能的变动）引起被控量（输出）的偏差能够自动纠正、消除偏差。而开环系统则无此纠正能力，因而一般来说，闭环系统比开环系统的精度高。

② 结构组成　开环系统没有检测设备和反馈通道，组成简单，但选用的元器件要严格

保证质量要求。闭环系统具有抑制干扰的能力,对元件特性变化不敏感,并能改善系统的响应特性。

③ 稳定性 开环控制系统的稳定性比较容易解决;闭环系统由于反馈的存在,在设计时要着重考虑稳定性问题,这给设计与制造系统带来许多困难。

开环与闭环控制系统的优点与缺点比较见表7-1。

表7-1 开环与闭环控制系统的优缺点比较

控制系统	优 点	缺 点
开环控制	简单、造价低、调节速度快	调节精度差、无抗多因素干扰能力
闭环控制	抗多因素干扰能力强、调节精度高	结构较复杂、造价较高

7.2.4 机械控制系统的主要组成

当今的机械控制系统(机电控制系统)虽然形态各异、种类繁多,但是归纳起来,系统都包含五个基本要素:计算机控制器、传感器、机械装置本体、动力源装置及执行部件。各要素和环节之间通过接口相互连接,如图7-23所示。

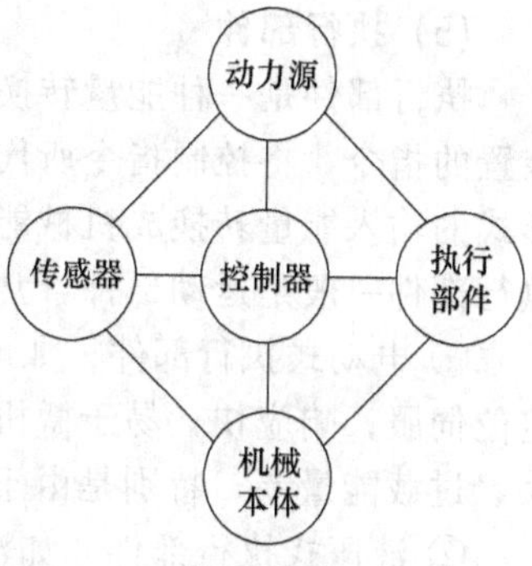

(1) 机械本体(机座机架)

机械本体用于支撑和连接其他要素,并把这些要素合理地结合起来,形成有机的整体。它承受其他零部件的质量和工作载荷的同时,又起保证零部件相对位置的基准作用。机电控制技术应用范围很广,其产品及装置的种类繁多,但都离不开机械本体。

(2) 动力源系统

按照系统控制要求,动力系统为机电控制产品提供能量和动力功能,去驱动执行机构工作,以完成预定的主功能。动力系统包括电、液、气等多种动力源。

图7-23 机械控制系统的五大组成要素

(3) 传感与检测系统

传感与检测系统将机电控制产品在运行过程中所需要的自身和外界环境的各种参数及状态转换成可以测定的物理量,同时利用检测系统的功能对这些物理量进行测定,为机电控制产品提供运行控制所需的各种信息。传感与检测系统的功能一般由传感器或仪表来实现。

(4) 计算机控制器

根据机电控制产品的功能和性能要求,计算机控制器接收传感与检测系统反馈的信息,并对其进行相应的处理、运算和决策,以对产品的运行施以按照要求的控制,实现控制功能。在机电控制产品中,信息处理及控制系统主要由计算机的软件、硬件以及相应的接口所组成。硬件一般包括输入/输出设备、显示器、可编程控制器和数控装置。机电控制产品要求信息处理速度高,A/D 和 D/A 转换及分时处理时的输入/输出可靠,系统的抗干扰能力强。

信息处理和控制由计算机来完成,在机械设备的控制中,计算机形式主要有三类,如图7-24所示。

① 嵌入式微处理器/微控制器及 DSP(数字信号处理器) 其特点是:性价比高,稳定可靠,通用性强,体积小,集成方便,价格低等。

② PLC(可编程控制器) 其特点是:编程方法简单易学,可靠性高,抗干扰能力强,

(a) 嵌入式系统

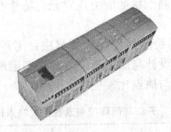
(b) PLC

(c) 工业PC

图 7-24　机械控制系统中的计算机

灵活性好，安装调试方便，维修工作量小。

③ 工业 PC（工控机）　其特点是：可靠性好（平均无故障时间达 10 万 h 以上），实时性好，输入/输出能力强（底板上有众多槽位，可供插入 I/O 板卡），系统扩充性好，通信功能强，有丰富的软件支持。

(5) 执行部件

执行部件是一种能量转换装置，它位于控制装置和机械执行装置之间，接收来自于控制装置的指令，将控制指令所代表的低功率信号转换为过程输入的大功率信号，也就是将各种形式的输入能量转换成机械能，在控制信息的作用下完成要求的动作，实现产品的主功能。执行部件一般是运动部件，常用的执行部件有如下 3 种类型。

① 电动式执行部件　如电动机、电磁铁等，其优点是：操作简便，编程容易，能实现定位伺服，响应快，易于微机相联，体积小，动力较大，无污染；其缺点是：瞬时输出功率大，过载能量差，特别是由于某种原因而堵转时，会引起烧毁，易受外部噪声影响。

② 液压式执行部件　如液压马达、液压缸等，其优点是：输出功率大，速度快，动作平稳，可实现定位伺服，易于微机相连，响应快；其缺点是：设备难于小型化，对液压源或液压油要求严格（比如杂质、温度、油量等），易泄漏且有污染。

③ 气压式执行部件　如气压马达、气缸等，其优点是：气源方便，成本低，无泄漏，无污染，速度快，操作简单；其缺点是：功率小，体积大，动作不平稳，不易小型化，远距离传输困难，工作噪声大，难于伺服。

其他执行部件包括双金属片、形状记忆合金、压电元件、微动装置。图 7-25 列出了机械系统中回转执行部件的常见形式。

(a) 电动机

(b) 液压马达

(c) 气压马达

图 7-25　回转执行部件

机电控制产品的 5 个组成部分在工作时相互协调，共同完成所规定的目的功能。在结构上，各组成部分通过各种接口及其相应的软件有机地结合在一起，构成一个内部匹配合理、外部效能最佳的完整产品。

构成机电控制系统的几个部分并不是并列的。其中机械部分是主体，这不仅是由于机械本体是系统重要的组成部分，而且系统的主要功能必须由机械装置来完成，否则就不能称其为机电控制产品，例如电子计算机、非指针式电子表等，其主要功能已由电子器件和电路等完成，机械已退居次要地位，这类产品应归属于电子产品，而不是机电控制产品。因此，机械系统是实现机电控制产品功能的基础，从而对其提出了更高的要求，需在结构、材料、工艺加工及几何尺寸等方面满足机电控制产品高效、可靠、节能、多功能、小型轻量和美观等要求。除一般性的机械强度、刚度、精度、体积和质量等指标外，机械系统技术开发的重点是模块化、标准化和系列化，以便于机械系统的快速组合和更换。

7.3 机械常用控制元件及应用

7.3.1 机械控制系统中的传感器

机械控制系统中的传感器，处于控制系统的前向输入通道，是实现测试与自动控制的重要前提，它为机械控制提供现场信息，是构成传感检测系统的核心元素，它将机械工作现场的各类物理量，转换为控制器有能力处理的电量或非电量。其中，对于不是基于以计算机或电子技术为核心的简易控制场合，可能是非电量；对于基于计算机控制的现代机电控制系统，传感器都将以电量的形式，提供转换后的现场物理量信息，对于当今机械控制的应用，传感器的角色基本都是以后者的形式出现在系统中的。

（1）传感器的定义

国家标准 GB 7665—87 对传感器的定义："能感受规定的被测量并按照一定的规律转换成可用信号的器件或装置，通常由敏感元件和转换元件组成"。传感器是一种以一定的精确度将被测量（如位移、力、加速度等）转换为与之有确定对应关系的、易于精确处理和测量的某种物理量（如电量）的测量部件或装置。如果传感器装置能进一步对输出信号进行处理，转换成标准电信号（例如：4～20mA 或 1～5V；0～10mA 或 0～5V 等），则被称为变送器。

（2）传感器的组成

传感器由敏感元件、转换元件、电子线路等组成。

① 敏感元件　直接感受被测量，并以确定关系输出物理量。如弹性敏元件将力转换为位移或应变输出。

② 转换元件　将敏感元件输出的非电物理量（如位移、应变、光强等）转换成电路参数等（如电阻、电感、电容等）。

③ 基本转换电路　将电路参数量转换成便于测量的电量，如电压、电流、频率等。

（3）传感器的主要特性

传感器转换信息的能力和性质，通常用输入和输出的关系来表示。传感器所测量的物理量有两种基本形态：稳态和动态。

稳态：被测量物理量（信号）不随时间变化或者变化非常缓慢；

动态：信号随时间变化而变化。

因此，根据输入量的性质可以将传感器的响应特性分为静态特性和动态特性。

① 静态特性　指对于静态的输入信号，传感器的输出量与输入量之间所具有的相互关系。因为这时输入量和输出量都和时间无关，所以它们之间的关系，即传感器的静态特性，

可用一个不含时间变量的代数方程，或以输入量作横坐标，把与其对应的输出量作纵坐标而画出的特性曲线来描述。表征传感器静态特性的主要参数有线性度、灵敏度、分辨力、重复性、稳定性、迟滞和量程等。

② 动态特性　指传感器在输入变化时，它的输出的特性。在实际工作中，传感器的动态特性常用它对某些标准输入信号的响应来表示。这是因为传感器对标准输入信号的响应容易用实验方法求得，并且它对标准输入信号的响应与它对任意输入信号的响应之间存在一定的关系，往往知道了前者就能推定后者。最常用的标准输入信号有阶跃信号和正弦信号两种，所以传感器的动态特性也常用阶跃响应和频率响应来表示，如阶跃响应特性、时间常数、上升时间、过冲量（超调量）、固有频率、阻尼比（对数减缩）、频率响应特性、幅颤特性、相频特性等。

（4）传感器的选择原则

① 分析被测物理量　确定受控对象的被测物理量（位移、速度、压力、温度、位置）以便选用传感器的类型。

② 分析使用环境　分析受控对象的使用环境以便选择某类传感器中的不同类型的传感器以适应环境需要。

③ 分析传感器的特性及参数　将传感器的特性与受控对象被测物理量的性质、受控对象的使用环境以及受控对象的技术参数进行综合匹配。

④ 选择传感器的生产厂家　选择传感器生产厂家的售前和售后服务。

7.3.2　机械制造中的常用传感器

传感器在机械制造中的应用，包括很多方面，智能化、自动化的程度越高，应用的传感器种类和功能就越强，检测的能力和范围也越广。一般而言，最常用到的传感器，是对位移、位置和速度的检测。

（1）位移传感器

在机械制造设备中，控制系统通过位移传感器，获取的是位置增量的变化信息，具体根据运动方式，可以分为线位移和角位移两类，例如进给距离控制、旋转轴角度控制等。根据传感器原理，可以进行如下分类选择。

① 电位器　电位器分为直线型和旋转型，如图 7-26 所示。

图 7-26　直线式与旋转式电位器传感器

a. 直线型电位器。其优点是结构简单，性能稳定；其缺点是分辨率不高，易磨损。

b. 旋转型电位器。其优点是结构简单，体积小，动态范围宽，输出信号大（一般不用放大），抗干扰能力强，精度较高。其缺点是测量精度较低，转速较高时转轴与衬套会出现"卡死"现象。

② 感应同步器 功能是将角度或直线位移转变成感应电动势的相位或幅值，可用来测量直线或转角位移。按其结构可分为直线式和旋转式两种。直线式感应同步器目前被广泛地应用于大位移静态与动态测量中，例如用于三坐标测量机、程控数控机床、高精度重型机床及加工中心测量装置等。旋转式感应同步器则被广泛地用于机床和仪器的转台以及各种回转伺服控制系统中。

③ 光栅 光栅传感器是利用光的透射和反射现象制作而成，用于检测直线位移的长光栅和检测角位移的圆光栅。其特点是测量输出的信号为数字脉冲，具有检测范围大、检测精度高、响应速度快的特点，常应用于数控机床的闭环伺服系统中。

④ 光电编码器 分为绝对式编码器和增量式编码器。

a. 绝对式编码器。其优点是：使用寿命长，可靠性高，其精度和分辨率取决于光码盘的精度和分辨率；其缺点是：结构较复杂，光源寿命较短。

b. 增量式编码器。其优点是：寿命长，功耗低，耐振动；其缺点是：存在零点累计误差；反映的是相对变化，需要设置参考点，接收的设备若无断电记忆功能，开机后应先找到参考位，然后工作。

直线感应同步器、直线光栅尺和旋转光电编码器如图 7-27 所示，图 7-28 所示是传感器在机床设备中的应用实例。

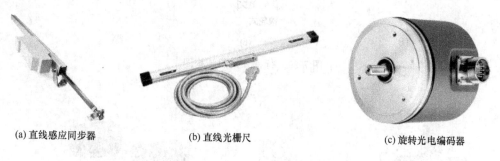

(a) 直线感应同步器　　(b) 直线光栅尺　　(c) 旋转光电编码器

图 7-27　直线感应同步器、直线光栅尺和旋转光电编码器

(2) 位置传感器

在机械制造设备中，位置传感器提供设备运动部件的本体位置检测，属于开关型输出，提供相对于位移传感器更低成本的点位检测。根据触点特性，位置传感器分为接触式的行程开关和非接触式的接近开关两大类。

① 行程开关 又称限位开关，常被作为低压电器中的一种主令电器，其原理是利用生产机械运动部件的碰撞，使其触头系统动作来实现接通或分断控制电路，达到控制目的，是机械制造设备中最常用到的检测器件，这类开关被用来限制机械运动的位置或行程，

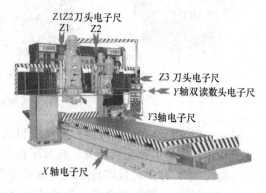

图 7-28　安装了电子尺的龙门铣床

在传统继电器—接触器控制系统中，它可以直接参与控制回路，在现代机电控制系统中，它作为输入，向控制器提供现场位置开关量信息。

② 接触式行程开关 靠移动物体碰撞行程开关的操动头，而使行程开关的常开触点接通和常闭触点断开，从而实现对电路的控制作用，其结构如图 7-29 所示，行程开关的产品

如图 7-30 所示。外形各异的行程开关，其基本结构大体相同，都是由触头系统、操作机构和外壳组成。在机床设备中，事先将行程开关根据工艺要求安装在一定的行程位置上，部件在运行中，撞上行程开关使触点动作而实现电路的切换，达到控制运动部件行程位置的目的。

还有一类行程开关，其外形尺寸比普通行程开关小很多，且极限行程也很小，被称为微动开关，如图 7-30（c）所示，往往应用于行程短且需频繁换接电路的场合，实现自动控制及安全保护等作用。鼠标的各个按键，内部安装的就是无杠杆型的微动开关。

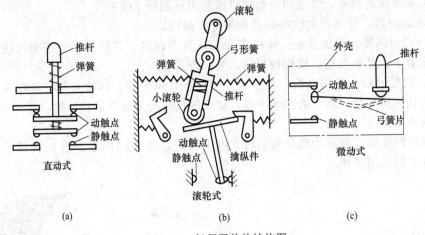

(a)   (b)   (c)

图 7-29 行程开关的结构图

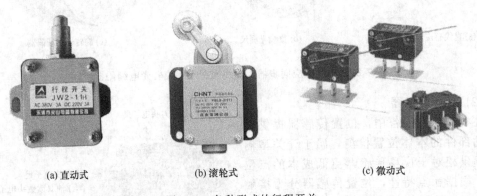

(a) 直动式   (b) 滚轮式   (c) 微动式

图 7-30 各种形式的行程开关

行程开关（包括微动式开关）的接线很简单，由于其内部提供的是一个干触点（自身不带电的空接点，是一种无源开关，具有闭合和断开的两种状态，两个接触点之间没有极性，可以互换），所以使用时仅需将其两个端点串接入对应的控制回路中即可。

③ 接近开关 接近开关是一种无需与运动部件进行机械直接接触而可以操作的位置开关，当物体接近开关的感应面到动作距离时，不需要机械接触及施加任何压力即可使开关动作，它既有行程开关、微动开关的特性，同时具有传感性能，与行程位置开关相比较，它具有以下特点。

a. 非接触检测，避免了对传感器自身和目标物的损坏。

b. 无触点输出，操作寿命长。

c. 能应用于行程开关不适宜工作的一些特殊场合，如在有水或油液的环境中。

d. 反应速度快。

e. 小型感测头，安装灵活。

f. 三线制接近开关的接线形式与接近开关有所不同。

根据操作原理的不同，常用接近传感器的类型和应用特点见表 7-2。

表 7-2 常用接近开关特点简介

接近开关类型	特　点
电感式接近开关	被测物必须是导体
电容式接近开关	被测物不限于导体,可以是绝缘的液体或粉状物
霍尔接近开关	被测物必须是磁性物
光电式接近开关	对环境要求严格,无粉尘;被测物对光的反射能力强
热释电式接近开关	被测物体的温度必须和环境温度有差异

如图 7-31 所示各种接近开关，其本质是利用不同的传感器检测原理，将位移信号转换为开关量电信号输出，是一种电子产品，在接线应用中，比行程开关略复杂。根据接线形式，接近开关分两线制和三线制。两线制接近开关的接线比较简单，接近开关与负载串联后接到电源即可；机械装置中更广泛使用的接近开关是三线制的，分为 NPN 型和 PNP 型，与晶体三极管有类似的使用特点，因此它们的接线是不同的，在使用中应该特别注意：NPN 型三线制接近开关，采用共阳极连接；PNP 型三线制接近开关，采用共阴极连接；连线方式如图 7-32 所示（图中所示连线颜色根据产品型号不同会有不同）。

(a) 各种接近开关

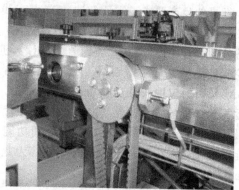

(b) 接近开关在生产机械中的应用

图 7-31 接近开关及应用

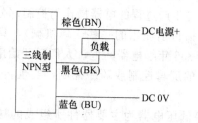

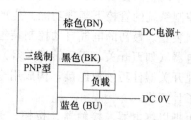

图 7-32 三线制接近开关接线形

7.3.3 PLC

PLC（可编程控制器）凭借其工业逻辑控制器的设计背景，以高可靠性和抗干扰能力、简单易用的程序设计手段为显著特点，在机械的控制系统中处于重要地位，是机械控制系统控制器的主要选择之一。

(1) PLC 的概念

如图 7-33 所示，PLC 是基于电子计算机且适用于工业现场工作的电控制器，它采用可编程序的存储器，用来在其内部执行逻辑运算、顺序控制、定时、计数和算术运算等操作指令，并通过数字式、模拟式的输入或输出，控制各类型的机械或生产过程。

图 7-33　PLC 外形与其内部

PLC 名称的含义是可编程序逻辑控制器（Programmable Logic Controller，PLC），是计算机技术在制造业顺序控制中的成功应用，最早诞生于 20 世纪 60 年代，设想源自美国最大的汽车制造商——通用汽车公司（GM 公司）。当时，该公司为了适应汽车市场多品种、小批量的生产要求，需要解决汽车生产线"继电-接触器控制系统"中普遍存在的通用性、灵活性问题，提出了对一种新颖控制器的十大技术要求，并面向社会进行招标，美国数字设备公司（即 DEC 公司，美国著名的计算机制造公司）在 1969 年首先研制成功一台专用工业控制计算机 PDP-14，采用 12 位指令系统，并命名为"可编程序逻辑制器"，该试验样机在 GM 公司的应用获得了成功。此后，PLC 得到了快速发展，并被广泛用于各种开关量逻辑运算与处理的场合。到了 20 世纪 70 年代中期，PLC 开始采用微处理器，PLC 的功能也由最初的逻辑运算拓展到具有数据处理功能，并得到了更为广泛的应用，由于当时的 PLC 功能已经不再局限于逻辑处理的范畴，为此，PLC 也随之改称为可编程序控制器（Programmable Controller，PC）。

(2) PLC 的本质

可编程控制器，是传统继电器逻辑控制技术与微计算机技术紧密结合、相互渗透的产物。

制造业中的生产设备以及生产过程的控制，一般都需要通过工作机构、传动机构、原动机等，在控制系统的管控下实现功能。生产设备与生产过程的电器操作与控制部分，称为电气自动控制装置。最初的电气自动控制装置（包括目前使用的一些简单机械），只是一些简单的手动电器（如刀开关、正反转开关等），自 1836 年继电器问世，人们就开始用导线将继电器同其他开关器件巧妙地连接，构成用途各异的逻辑控制或顺序控制，实现自动化控制，甚至制造了计算机。

习惯上把以继电器、接触器、按钮、开关等低压电器为主要器件所组成的这种控制系统，称为"继电—接触器控制系统"，即继电器逻辑控制（Realy Logic Controller，RLC）。

但是"继电—接触器控制系统"难以适应现代复杂多变的生产控制要求与生产过程控制集成化、网络化需要。而人们清楚地明白"继电—接触器控制系统"与计算机基本原理之间存在的联系，即：继电器系统的逻辑开关状态，正是计算机所采用的二进制特征。计算机的一个存储位，恰好可以模拟一个继电器：

继电器线圈、触点状态：断、通。

计算机系统表达信息：0、1。

这就是虚拟继电器的概念，以计算机的一个存储位，可以作为一个虚拟继电器，当对存储位进行清零和置位操作时，相当于对虚拟的继电器线圈进行断电或通电操作，当查询存储位状态时，即可获知虚拟的继电器常开触点状态，常闭触点状态同时也可以获得（取非操作），其对应关系见表7-3。

表 7-3 存储位与虚拟继电器的对照状态

计算机存储位状态	0	1
继电器线圈	断电	通电
继电器常开触点	断开	接通
继电器常闭触点	接通	断开

虚拟真实继电器的是计算机内部存储单元，是假想的继电器，他们具有类似继电器特性，但没有机械性的触点，为了把这种元器件与传统电气控制电路中的继电器区别开来，在后来许多 PLC 产品中，这样的虚拟继电器就被称为软元件或者软继电器。这样，当计算机进入微电子时代，应对复杂逻辑控制对象的解决方案，自然就将逻辑控制与计算机结合起来了，这就是 PLC 诞生的条件。

(3) PLC 的硬件结构组成

PLC 实质是一种专用于工业控制的计算机，其硬件结构基本上与微型计算机相同，如图 7-34 所示。PLC 的硬件主要由中央处理器（CPU）、存储器、输入单元、输出单元、通信接口、扩展接口电源等部分组成。其中，CPU 是 PLC 的核心，输入单元与输出单元是连接现场输入/输出设备与 CPU 之间的接口电路，通信接口用于与编程器、上位计算机等外设连接。

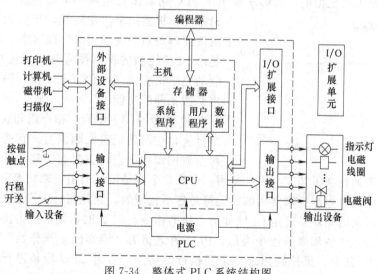

图 7-34 整体式 PLC 系统结构图

（4）PLC 的软件程序组成

PLC 本身是一台专用的计算机，和其他计算机系统相同。PLC 系统一定包括自己的软件组成，其内容有两类：系统软件和用户程序。

① 系统软件　由 PLC 这台计算机的制造厂商设计，包括"系统管理程序""用户指令解释程序""标准程序模块和系统调用"等内容，用以控制可编程控制器本身的工作。因此，系统软件的内容被固化在机内，不允许 PLC 使用者修改。

② 用户程序　是 PLC 的使用者，即控制系统的设计者，针对具体控制对象特征，编制的应用程序，它由获得 PLC 产品的使用者编址并输入，最终实现控制外部对象的运行。

由于 PLC 系统软件质量的好坏很大程度上会影响 PLC 的性能，而通过改进系统软件，可在不增加任何设备的条件下，大大改善 PLC 的性能。因此各个 PLC 的生产厂商都非常重视系统软件的开发，使得其功能也越来越强。但是对于 PLC 的使用者而言，系统软件是一个整体，它是由 PLC 的生产厂商对其内容负责的，是 PLC 使用者在进行控制系统选型设计阶段，考察 PLC 选型的关键因素之一，而不需要亲自编制这部分内容。需要 PLC 使用者构建的 PLC 软件系统，指的是用户程序部分的设计与编程。正是由于 PLC 的系统软件的存在，使得使用者在编程时完全可以不考虑微处理器内部的复杂结构，不必使用各种计算机使用的语言，而把 PLC 内部看作由许多"软继电器"等逻辑部件组成，向使用者提供了专用的 PLC 编程语言来编制控制程序。这样，对于使用 PLC 的设计者，可以在设计过程中，屏蔽掉复杂的计算机相关知识，将更多精力投向控制问题本身。

（5）PLC 的编程语言

PLC 厂商向用户提供的编程语言有多种，常见的有三种：梯形图、指令表和顺序功能流程图。

① 梯形图编程　梯形图表达式是在原电器控制系统中常用的接触器、继电器梯形图基础上演变而来的。它的最大优点是形象、直观和实用，为广大电气技术人员所熟知，是 PLC 的主要编程语言。PLC 的梯形图与电器控制系统梯形图的基本思想是一致的，但也有很大的区别，表面看起来完全一样的继电器线路与梯形图，它们产生的效果可能一样，也可能不完全一样，甚至某些作用完全相反。PLC 的梯形图使用的是内部继电器、定时/计数器等，都是由软件实现的。其主要特点是使用方便，修改灵活。这是传统电器控制的继电器梯形图硬件接线所无法比拟的。梯形图程序让 PLC 仿真来自电源的电流通过一系列的输入逻辑条件，根据结果决定逻辑输出的允许条件。梯形图按逻辑关系分为"梯级"或网络。如图 7-35 所示是用 PLC 控制的梯形图程序，可完成与继电器控制的电动机直接起、停（起、保、停）继电器控制电路图相同的功能。

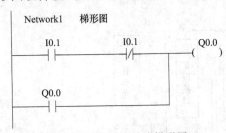

图 7-35　自保持电路梯形图

② 指令语句表编程　指令语句表语言类似于微型计算机中的助记符汇编语言。它是可编程控制器最基础的编程语言，主要面向熟悉计算机程序设计的编程人员。所谓指令语句表编程，是用一个或几个容易记忆的字符来代表可编程控制器的某种操作功能。每个生产厂家使用的助记符是各不相同的，因此同一个梯形图书写的语句形式不尽相同。每条语句就是规定 CPU 如何动作的指令，PLC 的语句也是由操作码和操作数组成的，故其表达式也和微机指令类似。PLC 的语句为"操作码＋操作数"或"操作码＋标识符＋参数"。其中，操作码用来指定要执行的功能，告诉 CPU 应该进行什么操作；操作数内包含执行该操作所必需的信息，告诉 CPU 用什么地方的东西来执行此操作。表 7-4

是图 7-35 所示梯形图相对应的指令表。

表 7-4　指令表

地址	指令	数据
0	LD	I0.0
1	AN	I0.1
2	O	Q0.0
3	=	Q0.0

③ 顺序功能流程图编程　顺序功能流程图编程（SFC）是一种较新的编程方法。它的作用是用功能图来表达一个顺序控制过程。目前国际电工协会（IEC）也正在实施发展这种新的编程标准。使用 SFC 作为一种步进控制语言，用这种语言可以对一个控制过程进行控制，并显示该过程的状态。将用户应用的逻辑分成步和转换条件，来代替一个长的梯形图程序。这些步和转换条件的显示，使用户可以看到在某个给定时间中机器过程处于什么状态。图 7-36 所示是一个顺序钻孔的顺序功能流程图编程的例子。方框中数字代表顺序步，每一步对应于一个控制任务，每个顺序步的步进条件以及每个顺序执行的功能可以写在方框右边。

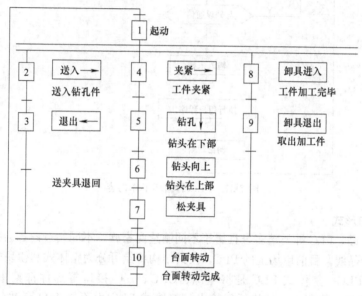

图 7-36　顺序功能流程图编程示例

(6) PLC 工作原理

PLC 作为一种计算机，其基本工作原理是与普通计算机相同的，即存储程序和程序控制，但是 PLC 又是一种特殊的工业计算机，与普通计算机的工作相比较，PLC 的工作过程有两个显著特点：一是工作方式为周期性循环扫描；二是集中批处理专项任务，包括处理 I/O 映像、自诊断、通信、用户程序执行等。

PLC 每扫描完一次程序就构成一个扫描周期，典型值约为 10ms 左右。PLC 借助其自身配置的系统监控程序，管理 PLC 运行和执行用户编写的 PLC 程序，实现控制任务，其特殊的工作原理可以通过图 7-37 反映。主要内容包括上电初始化、系统自诊断、外设通信、输入采样、执行用户程序、输出刷新。虽然 PLC 产品各有不同，但是其工作过程基本一致，只是不同产品的扫描内容顺序略有不同。

用户程序的执行，是内嵌在 PLC 循环扫描过程中的，PLC 运行程序的方式与微型计算机相比，有较大区别。微型计算机运行程序时，一旦执行到 END 指令，程序即运行结束并停止；而 PLC 执行用户程序时，是从初始点 0000 号存储地址所存放的第一条用户程序开始执行，在无中断或跳转的情况下，按存储地址号递增的方向顺序逐条执行用户程序，直到 END 指令结束，然后再跟随循环扫描的过程，下一个周期中，在执行用户程序阶段时，再次从头开始执行，并如此周而复始地重复，直到停机或从运行（RUN）切换到停止（STOP）工作状态。

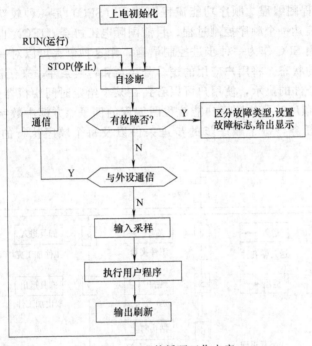

图 7-37　PLC 的循环工作内容

(7) PLC 的形式

作为工业产品，PLC 种类繁多，且属于不同制造商家族，不同制造商都会提供面向不同应用领域的成套产品线。目前市场上的 PLC，按其结构特点可分为整体式和模块式两大类。

① 整体式 PLC　整体式 PLC 是将电源、CPU、I/O 接口等部件都集中装在一个机箱内，具有结构紧凑、体积小、价格低的特点。整体式 PLC 由不同 I/O 点数的基本单元（又称主机）和扩展单元组成。基本单元内有 CPU、I/O 接口、与 I/O 扩展单元相连的扩展口，以及与编程器或 EPROM 写入器相连的接口等。扩展单元内只有 I/O 和电源等，没有 CPU。

② 模块式 PLC　模块式 PLC 是将 PLC 各组成部分，分别做成若干个单独的模块，如 CPU 模块、输入模块、输出模块、电源模块（有的含在 CPU 模块中）以及各种功能模块，模块功能单一。模块式 PLC 由框架或基板和各种模块组成，模块装在框架或基板的插座上。这种形式 PLC 的特点是配置灵活，可根据需要选配不同规模的系统，而且装配方便，便于扩展和维修。

整体式 PLC 可以通过追加扩展模块，拓展其 I/O 接口和其他功能，模块式 PLC 是用专用功能模块堆叠形成一个 PLC 系统，它们的形式虽然相似，但是本质和应用特点都是不同的，这一点在学习的时候，要注意区分。图 7-38 是带扩展模块的整体式 PLC 与模块式 PLC 的对比。

(a) 整体式PLC

(b) 模块式PLC

图 7-38 带扩展模块的整体式 PLC 与模块式 PLC 对比

PLC 在工业应用中，与低压电器配合，安装于控制配电屏内部，如图 7-39 所示，是 PLC 常见的、在配电屏内部的安装与接线形式。

图 7-39 应用中的 PLC

 思考题

1. 简述机械驱动方式的发展与生产力水平提高的关系。
2. 机械自动控制的基本原理是什么？请描述它的基本内容。
3. 闭环控制系统的核心是什么？请比较开环控制系统和闭环控制系统的优缺点。
4. 机械控制系统（机电控制系统）包含的五个基本要素是什么？
5. 机械控制系统中的常用执行部件有哪些类型？
6. 在机械制造过程中，对不同物理量进行测量时，可以选用的传感器有哪些？
7. 可编程控制器是什么装置，它的本质是什么？

参考文献

[1] 蔡兰. 机械工程概论 [M]. 武汉：武汉理工大学出版社，2004.

[2] 宗培言，丛东华. 机械工程概论 [M]. 北京：机械工业出版社，2004.

[3] 刘永贤，蔡光起. 机械工程概论 [M]. 北京：机械工业出版社，2010.

[4] 王丽莉. 机械工程概论 [M]. 2版. 北京：机械工业出版社，2016.

[5] 谢黎明. 机械工程导论 [M]. 北京：机械工业出版社，2013.

[6] 崔玉洁，石璞，化建宁. 机械工程导论 [M]. 北京：清华大学出版社. 2013.

[7] 邳志刚. 工程文化概论 [M]. 北京：化学工业出版社. 2014.

[8] 王景贵，刘东升. 现代工程认知实践 [M]. 北京：国防工业出版社.

[9] 朱从容. 机械工程概论 [M]. 北京：中国电力出版社，2009.

[10] 贾振元，王福吉. 机械制造技术基础 [M]. 北京：科学出版社，2011.

[11] 王亚峰. 机械加工教程 [M]. 北京：北京理工大学出版社，2014.

[12] 李凯岭. 机械制造技术基础 [M]. 北京：机械工业出版社，2007.

[13] 陈云，杜齐明，董万福. 现代金属切削刀具实用技术 [M]. 北京：化学工业出版社，2008.

[14] 倪小丹，杨继荣，熊运昌. 机械制造技术基础 [M]. 北京：清华大学出版社，2007.

[15] 曾光廷. 材料成型加工工艺及设备 [M]. 北京：化学工业出版社，2001.

[16] 张建华. 精密与特种加工技术 [M]. 北京：机械工业出版社，2003.

[17] 刘晋春. 特种加工 [M]. 5版. 北京：机械工业出版社，2008.

[18] 王章豹. 中国古代机械工程技术的辉煌成就 [J]. 北京：中国机械工程，2002. 3.

[19] 吴忠俊，黄永宏. 可编程序控制器原理及应用 [M]. 北京：机械工业出版社，2004.

[20] 李长军，刘福祥. 西门子S7-200PLC应用解说 [M]. 北京：电子工业出版社，2012.

[21] 夏田. 陈婵娟. PLC电气控制技术 [M]. 北京：化学工业出版社，2008.

[22] 胡寿松. 自动控制原理 [M]. 5版. 北京：科学出版社，2007.